과학자의 글쓰기 2

면역항암제를 이해하려면 알아야 할 최소한의 것들

도준상

감사의 글

나는 공대 교수다. 당연히 '공대 교수가 어떻게 면역항암제로 책을 썼을까?' 하는 의문을 가지는 독자가 있을 것이다. 나는 박사학위 초반이었던 2002년부터 이 글을 쓰는 지금까지 약 18년 동안 면역학과 공학을 융합하는 연구를 해오고 있다. 서당개도 3년이면 풍월을 읊는다는데 (비록 파트타임이었으나) 18년간 면역학을 들여다보았으니, 나는 '면역학을 전공하는 공대 교수'다.

공학도인 나를 면역학의 세계로 인도하고 지도해준 사람들이 있다. 박사학위 멘토인 MIT의 대럴 어빈(Darrell Irvine) 교수는 면역학과 재료공학을 융합하는 새로운 분야를 개척했다. 면역학은커녕 생명과학 관련 배경 지식도 거의 없던 필자를 면역학의 세계로 안내해주었고, 자상한 지도로 면역 시스템의 신비로움과 융합 연구의 즐거움도 깨닫게 해주었다. 박사 후 연구원 멘토인 UCSF의 맥스 크루멜(Max Krummel) 교수는 2018년 노벨생리의학상 수상자인 제임스 앨리슨(James Allison) 교수의 애제자다. 맥스 크루멜 교수는 항 CTLA-4를 만들어 항암 효능을 입증하는 연구를 했고, 지금은 종양 내 수지상세포 연구와 첨단 영상기술을 면역학에 접목하는 연구 맨 앞에 서 있다. 정통 면역학을 전공했지만 공학과 새로운 기술에 관심이 많았던 그는, 나를 연구실에 받아 주었다. 덕분에 나는 UCSF에서 지낸 1년 반 동안, 짧지만 집중적으로 면역학을 공부할 수 있었다.

면역항암 치료와 종양면역학에 계속 관심을 가지고 있었지만, 본격적으로 연구를 시작한 것은 3년이 좀 넘은 것 같다. 특히 한국연구재단 중견연구자지원사업 과제가 이 분야를 깊게 공부하는 데 도움이 되었다. 연구를 지원해준 여러 연구지원기관에 감사한다. 특히 1년간 연구교수 지원을 해준 양영재단에 감사한다.

페이스북은 책을 시작하는 데 가장 큰 역할을 했다.

페이스북의 'Immune cell therapy'와 '혁신신약살롱' 그룹은 면역항암제 관련 최신 동향 및 다양한 의견을 접할 수 있는 곳이다. 처음에는 다른 사람들이 올린 정보를 얻었지만, 분야에 대한 지식이 쌓이면서 나의 의견이나 관점을 피력하는 컨텐츠를 올리기도 했고, 학회 참관 후기 등을 정리해 올리기도 했다. 내가 올린 컨텐츠를 보고 『바이오스펙테이터』에서 연락을 주었고, "책을 한번 써 보는 것이 어떻겠냐?"는 제안을 해왔다. 그것이 시작이 되었다. 페이스북에 정보를 올려준 많은 분들에게 감사한다.

책을 기획하고 지원해준 『바이오스펙테이터』 이기형 대표, 세부적인 작업을 맡아준 서일 차장, 책을 만드는 과정에 궂은일을 맡아준 봉나은 기자에게 감사한다. 그리고 임상의 관점에서 자료를 검토하고 조언을 해준 서울의대 종양내과 김범석 선생에게 감사한다.

책이 나오기까지 1년 반 가까운 시간을 자료 정리와 집필에 전념할 수 있도록 도와주고 이해해준 아내와,

책을 쓰는 아빠를 보며 '나도 작가가 될래!'라는 말로 격려해준 딸에게 감사한다. 가족의 사랑은 내 삶의 원동력이다.

2019.11.25.

도준상

면역항암제는 면역학과 항암제에 대한 기존의 관념을 깨는 혁신적인 발상에서 시작했다. 회의적인 시선에 굴하지 않고, 학문적 신념을 끝까지 밀고 나가 입증해낸 과학자들이 있었기에 세상에 나올 수 있었다. 면역항암제에 대한 지식을 얻는다는 것은, 면역항암제 개발 과정에서 과학자들이 했던 발상의 전환과 혁신적인 도전에 대해 알아가는 것일지 모른다.

차례

감사의 글 002

I. 프롤로그: 면역항암제라는 트렌드 013

II. 시작 021
칼과 독의 시대 023 / 조금 무모한 시작 028
무지, 보수성, 실패 033

III. 면역항암제를 이해하기 위해 알아야 할
최소한의 면역 037
선천면역과 적응면역 039 / 면역기억 043 / 수지상세포 044
암-면역 사이클 046

IV. 독성 림프구 이용 면역세포치료제 051
독성 림프구 053 / 조혈모세포 이식 054 / 조직형 062
T세포 수용체와 항원 특이성 065 / 체외 배양 T세포 이용
면역항암 치료 070 / TCR-T세포 치료제 073
CAR-T세포 치료제 075 / T세포 치료제의 현재 점수와 전망 083
NK세포 치료제 094 / γδ T세포 치료제 102

V. 면역관문억제제 1: 눈에 보이는 성과 109

방향과 균형 111 / CD28과 CTLA-4: T세포의 가속페달과 브레이크 113 / 합리적 판단과 발상의 전환 116 / 여보이® 118 옵디보® 124 / 키트루다® 129 / 약진과 한계 136

VI. 면역관문억제제 2: 불완전한 메커니즘 139

항 CTLA-4: 조절 T세포 제거? 143 / 항체의 Fc 144 / 여러 항 PD-1, PD-L1의 효능은 같을까? 148 / PD-1, PD-L1 항체 치료제: 적응 내성 극복? 152 / 혼란에 빠진 임상의사들 155

VII. 바이오마커 159

PD-L1 161 / 종양침투 T세포 163 / 종양변이부담 165
혈액 170 / 마이크로바이오타 171

VIII. 병용투여 1: 선천면역계 활성화 175

묻지마(?) 병용투여 177 / 면역원성 세포사멸 182 / 종양 안 수지상세포 186 / CD47: 대식세포의 면역관문 188 / 신항원 192
암백신 197 / 항암 바이러스 205

IX. 병용투여 2: 종양 안 면역억제 극복 209

케모카인 211 / 종양혈관 정상화 213

종양 조직 세포외기질 217 / 종양 안 면역억제 218

종양 안 면역억제세포 219 / 조절 T세포와 T세포의 표면적 유사성 222 / 종양 안 대사활동 225 / 양의 보조자극 작용제 227

이중항체 231 / 사이토카인 235 / NKG2A: NK세포와 T세포의 면역관문 236

X. 에필로그 239

참고문헌 243

일러두기

이 책은 면역항암제 개발사, 개발 동향, 종양면역학 이론까지 '면역항암제의 거의 모든 것'을 정리하겠다는 목표로 시작했다. 면역학, 종양학, 의학 등 다양한 분야에 걸친 내용이라 최대한 쉽게 설명하려고 노력했지만, 노력만큼 쉽게 읽히지 않을 수도 있다. 그럼에도 핵심은 면역항암제에 대한 단편적인 사실이 아닌 '큰 그림'을 그리려는 것이었다. 이런 관점에서 접근하는 것을 권한다.

- 본문에 되도록 해당 내용에 대한 논문을 언급하려 했고, 책의 뒤에 참고문헌으로 밝혔다. 책 집필의 기초 자료로 활용한 파워포인트 슬라이드는 내 연구실 홈페이지에서 내려받을 수 있다. http://bmie.snu.ac.kr
- I장에서 V장까지는 면역항암제 개발사와 현재 사용되는 두 종류의 면역항암제인 '면역관문억제제'와 'CAR-T세포 치료제'의 기본 원리와 개발 과정을 다루었다. 과거의 사건이라 10년 후에도 크게 변할 것이 없는 내용이다.

- VI장에서 X장까지는 2019년 현재 활발하게 진행하고 있는 연구 개발 관련 내용이다. '면역항암제의 작용 메커니즘은 무엇인가?', '면역항암제는 어떤 암 환자에게 사용할 수 있는가?', '면역항암제의 효능을 올리기 위해서는 어떻게 해야 하는가?'처럼 아직 답을 모르는 질문에 대해서 어떠한 시도들이 이루어지고 있으며, 각 시도의 이론적 배경과 잠재적인 어려움은 무엇인가를 최대한 객관적으로 기술하려 노력했다. 새로운 논문이 쏟아져 나오고, 새로운 면역항암제 개발 뉴스와 기대를 한몸에 받던 면역항암제의 임상 실패 뉴스가 함께 들리는 것이 현실이다. 되도록 구체적인 연구개발 사례보다는 원리와 흐름을 중심으로 서술했다.

I

프롤로그
면역항암제라는 트렌드

아직 면역항암제가 낯설었던 2011년, 미국 식품의약국(FDA)은 '면역관문억제제(Immune checkpoint inhibitor)'를 암 치료제로 승인했다. 전 세계적인 규모의 제약기업 브리스톨 마이어스 스큅(Bristol-Myers Squibb, 이하 BMS)이 개발한 여보이®(Yervoy®, 성분명: Ipilimumab)는 환자 몸속의 면역관문을 억제해 면역 기능을 활성화시키고, 이 과정에서 암을 치료하는 새로운 개념의 항암제였다. 4년 후 BMS는 일본의 오노제약과 함께 비슷한 기능의 면역관문억제제 옵디보®(Opdivo®, 성분명: Nivolumab)를 FDA로부터 승인받았다. 여보이®는 흑색종, 옵디보®는 흑색종, 비소세포폐암, 신장암, 방광암 등을 앓는 환자에게 치료제로 처방 되는데, 처방할 수 있는 암종은 늘어나고 있다.

옵디보와 여보이는 2018년을 기준으로 각각 67억 달러(한화 약 8조 원), 13억 달러(한화 약 1.6조 원)어치가 팔렸다. BMS는 전 세계 제약기업 가운데 매출액을 기준으로 13위인데, 두 약이 BMS 매출의 38%를 차지한다. BMS는 면역항암제의 시작을 알렸고, 새로운 개념의 면역관문억제제를 세상에 내놓은 두 명의 연구자 제임스 앨리슨과 혼조 다스쿠 교수는 2018년 10월에 노벨 생리의학상을 받았다.

여보이®를 시작으로 2019년 현재 모두 7종의 면역관문억제제가 환자들에게 처방되고 있다. BMS의 항 CTLA-4 항체 치료제 여보이®, BMS와 오노약품의 항 PD-1 항체 치료제 옵디보® 외에도 머크(MSD)의 항 PD-1 항체 치료제 키트루다®(Keytruda®, 성분명: Pembrolizumab), 사노피의 항 PD-1 항체 치료제 리브타요®(Libtayo®, 성분명: Cemiplimab), 로슈의 항 PD-L1 항체 치료제 티쎈트릭®(Tecentriq®, 성분명: Atezolizumab), 화이자와 독일 머크의 항 PD-L1 항체 치료제 바벤시오®(Bavencio®, 성분명: Avelumab), 아스트라제네카의 항 PD-L1 항체 치료제 임핀지®(Imfinzi®, 성분명: Durvalumab)가 있다. 이 가운데 키트루다®는 2018년을 기준으로 항암제 가운데 두 번째로 많이 팔렸는데(약 72억 달러), 몇 년 안으로 가장 많이 팔리는 항암제가 될 것으로 보인다.

면역관문억제제가 암 치료제 가운데 대세로 자리를 잡아가고 있다면, CAR-T세포 치료제는 면역항암제로 암을 완치할 수 있다는 기대를 키우고 있다. CAR-T세포 치료제는 환자의 몸속에서 꺼낸 면역세포인 T세포를 활용한다. 키메릭 항원 수용체(Chimeric antigen receptor, 이하 CAR)는, 종양을 인지하는 부위와 T세포에 신호를 전달하는 부위 등, T세포가 암을 인지해 없애는 데 필요한 여러 수용체의 기능적 부위를 모아 인공적으로 합성한 수용체다. 이를 암 환자 자신의 T세포에 삽입한 다음 환자 몸 밖에서 대량으로 배양해 환자에게 다시 주입한다.

2011년, 미국 펜실베이니아 대학 칼 준(Carl June) 박사 연구팀은 『뉴 잉글랜드 저널 오브 메디신(*New England Journal of Medicine*, 이하 *NEJM*)』에 논문을 발표한다. 면역세포인 B세포나 B세포 유래 혈액암세포가 발현하는 항원 CD19를 표적으로 하는 CAR-T세포 치료제 임상시험 내용이었다. 연구팀은 만성 림프구성 백혈병(Chronic lymphocytic leukemia, CLL) 환자에게 이 치료제를 주입했는데, 환자의 상태나 증상이 정상 범주로 회복된 것을 뜻하는 완전 관해(Complete remission)를 관찰했다. 이어지는 연구에서 연구팀은 CD19을 발현하는 B세포 유래 급성 림프구성 백혈병(Acute lymphocytic leukemia, ALL) 환자 30명에게, 동일한 CAR-T를 투여하는 임상시험을 했다. 연구팀은 임상시험 대상자의 90%가 완전 관해를 이루었다고 2014년 *NEJM*에 발표했다.

칼 준 연구팀이 개발한 CAR-T 기술은 노바티스(Novartis)에 기술이전되어 세포 치료제로 개발되었고, 'CD19 CAR 레이스'라고도 불리는 CAR-T세포 치료제 개발 붐으로 이어졌다. 2017년, CD19를 표적하는 CAR-T세포 치료제를 개발하는 바이오·제약기업들이 '누가 임상시험을 먼저 성공해 FDA 승인을 받는가'로 경쟁을 벌였다.

우승은 임상을 가장 먼저 성공하고, 첫 번째 CAR-T 치료제인 킴리아®(Kymriah®, 성분명: Tisagenlecleucel)를 세상에 내놓은 노바티스(Novartis)가 챙겼다. 당시 8

년차 바이오테크였던 카이트 파마(Kite Pharma)와 4년차 바이오테크였던 주노 테라퓨틱스(Juno Therapeutics)가 함께 레이스를 펼쳤지만 노바티스를 제치지는 못했다.

그러나 우승하지 못했다고 상금까지 없었던 것은 아니다. 2017년 카이트 파마가 B세포 림프종 환자를 대상으로 한 임상3상에 성공할 무렵, 전 세계적인 규모의 제약기업 길리어드(Gilead)는 119억 달러(한화 약 14조 원)를 가지고 카이트 파마를 찾았고, 곧 예스카르타® (Yescarta®, 성분명: Axicabtagene ciloleucel)가 출시되었다. 주노 테라퓨틱스는 임상시험 도중 참여자 여럿이 부작용 및 독성으로 사망하면서 임상시험에서 실패했다. 그러나 기술력을 인정받은 주노 테라퓨틱스는, 2018년 초에 전 세계적 규모의 제약기업 셀진(Celgene)에 90억 달러(한화 약 11조 원)에 인수되었다.

II

시작

칼과 독의 시대

암은 '유전자 변이(Gene mutation) 때문에 생기는 병'이다. 정상 세포의 세포 분열은 항상성을 유지하기 위하여 정교하게 제어된다. 그런데 특정 유전자가 변이를 일으키면 이러한 정교한 제어 메커니즘에 이상이 생겨 원래대로 작동하지 않는다. 결국 무한히 증식하는 암세포가 생겨난다. 이렇게 암세포가 증식하면서 해당 조직이 점점 부어오르는 것을 암이라고 부른다.

1990년대 초반까지 암은 이렇게 '변이를 일으킨 세포가 가득 차 있는 덩어리'를 뜻했다. 즉 '이상한 덩어리'가 생기면 '암'으로 본 것이다. 보는 눈이 단순하면 움직이는 손도 편하다. 이상한 덩어리가 생겼으니 없애면 그만이다. 직접 잘라내는 외과적 수술을 하거나, 암세포를 죽이려고 방사선을 쬔다. 빠르게 증식하는 세포를 표적하는 독성 화학물질을 환자 몸속에 넣기도 한다.

그런데 암을 죽이거나 뜯어내려는 시도가 계속되었지만, 여전히 암에 걸린 환자의 대다수는 죽어갔다.

시간이 지나고 암 연구가 조금 더 복잡한 수준까지 진도를 나가자, 암 조직이 단순하게 암세포만으로 이루어지지 않았다는 사실을 알게 되었다. 즉 암세포만을 잡는다고 암이 없어지지 않는 것이다. 암 조직은 섬유아세포(Fibroblast), 혈관내피세포(Endothelial cell), 다양한 면역세포 등 여러 종류의 세포로 구성되어 있다. 이 세포들은 종양미세환경(Tumor microenvironment, TME)을 형성하는데, 빠르게 성장하는 암세포에 영양분을 공급하기 위해 혈관을 새로 만드는 등 암세포의 성장을 도우면서 항암제의 효능을 저해한다.

암 치료가 유전자 변이로 생겨난 암 덩어리만 없앤다고 되는 일이 아니었다. 새로운 연구결과가 세상에 발표되면 연구자들은 어떻게든 그것을 활용해 암을 치료하는 약을 만들려고 노력한다. 종양 안에 새로 만들어진 혈관을 표적하는 아바스틴®(Avastin®, 성분명: Bevacizumab)을 필두로 종양미세환경에 관여하는 세포들을 표적하는 약이 개발되기 시작했다. 암세포를 둘러싼 종양미세환경으로 암 치료의 관점이 확장된 것이다.

관점의 확장은 계속되었다. 우리 몸의 면역 시스템은 암세포를 인지하고 살해할 수 있는 능력이 있다. 이에 대항해 암세포는 면역세포의 공격을 피하고 면역세포가 항암 작용하는 것을 억제하는 메커니즘을 개발해낸다. 암은 면역 시스템이 제 기능을 못할 때 걸리는 질병이고, 암 환자는 암과 면역의 전쟁에서 암이 승리한 결과였다. 즉 암은 단순 유전자 변이에 따른 병이 아니라, 암과 면역의 균형이 깨지면서 발생하는 질병이라는 관점으로 확장되었다. 이런 관점에서 보면 암을 직접 표적하지 않고, 면역 기능을 강화해 간접적으로 암을 없애는 것이 가능할 수 있다. '면역항암 치료'라는 개념의 등장이다.

면역항암 치료 개념이 과학적으로 검증된 것은 비교적 최근의 일이지만, 개념의 정립에 앞서 이를 직접 치료에 적용시키는 시도는 이미 오래전부터 있었다. 시간을 120년 전으로 거슬러 올라가보자. 아직 항생제도 없던 시절이었고, 암 수술을 받으러 수술대에 올라간 환자가 위험한 세균에 감염되는 것이 그리 이상하지 않던 시대였다. 1890년, 골종양 전문 외과의사였던 윌리엄 콜리(William Coley, 1862-1936) 박사는 죽어가는 환자에게 해줄 수 있는 치료가 별로 없다는 데 좌절했다. 그는 새로운 치료법을 찾기로 했다.

콜리는 7년 전에, 수술하기 어려울 정도의 암이 목에 생긴 환자가 연쇄상구균에 감염되었다가 암이 완전히 사라진 사례를 알게 되었다. 여기서 아이디어를 얻은 콜리는 문헌을 뒤지기 시작했다. 감염으로 암이 사라진 사례가 제법 있다는 것을 찾아낸 콜리는, 악성 종양 환자에게 연쇄상구균 박테리아를 주입하는 실험을 한다. 모두 3명의 환자에게 연쇄상구균 박테리아를 주입했더니, 2명은 감염으로 사망했지만 1명은 종양이 사라졌다. 콜리는 이 실험 결과를 정리해 1891년에 논문으로 발표했다.

살아 있는 박테리아를 환자에게 주입하면 위험할 수 있다는 것을 확인한 콜리는, 두 종류의 죽은 박테리아를 이용했다. 콜리의 독소(Coley's Toxin)였다. 특정한 병원균을 배양한 다음 죽이고 이를 사람에게 주사하면, 병원균에 대한 면역반응이 일어나 해당 박테리아 감염에 대한 내성이 생긴다. 지금 백신의 원리로 활용하는 방법인데, 콜리도 이 방법을 이용한 것이다. 다만 지금 우리가 맞고 있는 백신과 콜리의 독소는 차이가 있다. 우리는 치료하려는 질병과 관계가 있는 병원균으로 백신을 만들지만, 콜리는 암과 관계 없이 그저 죽은 박테리아를 사용했다는 점이다. 콜리의 독소를 맞고 암이 사라지는 경우가 가끔 있었지만, 결국 콜리의 독소는 중요한 암 치료법으로 주목받지는 못했다. 이는 콜리에게 운이 없었기 때문일 수도 있다.

콜리가 암을 치료하는 독소의 배합을 고민하고 있을 때, 빌헬름 뢴트겐(Wilhelm Conrad Röntgen, 1845~1923)은 엑스레이(X-Ray)를 발견했다. 그리고 곧 암을 치료하는 방사선 치료법이 개발되었다. '강한 에너지를 가진 방사선에 노출된 암세포는 죽는다!'는 명쾌한 명제였다. 명쾌함에 매료된 사람들은 방사선을 암 환자에게 쏘여 암세포를 죽이는 연구에 호응했다. 그에 비하면 콜리의 독소는 방사선 치료만큼의 명쾌한 메커니즘이 없었다. 콜리의 독소를 처방했을 때, 환자가 살기도 하고 죽기도 하는 등 효능이 일정하지 않았으니, 사람들이 콜리의 주장을 이해하기 어려웠던 것도 당연했다.

콜리는 자신의 주장이 받아들여지는 것을 보지 못하고 1936년 생을 마감했다. 지금 우리가 콜리의 독소에 대해 알 수 있는 이유는 아버지가 죽은 후 자료를 정리한 콜리의 딸 헬렌 콜리 노츠(Helen Coley Nauts, 1907~2001) 덕분이다. 콜리의 시도가 처음으로 면역항암제를 만들려는 시도였다는 점은 시간이 훨씬 더 지나야 알 수 있게 되었다. 콜리는 뒤늦게 공을 인정받아, '면역항암 치료의 아버지'로 불리게 되었다.

조금 무모한 시작

헬렌 콜리 노츠는 콜리의 독소를 이용한 암 치료가 이대로 묻히기에는 훌륭한 업적이라고 보았다. 콜리의 독소 후속 연구가 다시 이루어질 수 있도록 노력했고, 1953

년에는 Cancer Research Institute(CRI)를 만든다. 이후 CRI는 종양면역학과 면역항암 치료 연구에서 중요한 역할을 한다. 현대 종양면역학의 아버지(Father of modern tumor immunology)라고 불리는 로이드 올드(Lloyd Old, 1933-2011) 박사도 CRI의 의료 디렉터였다. 올드는 암 생물학자이면서 면역학자로, 면역항암 치료에 대한 기초 이론을 정립한 것으로 유명하다. 1958년, 올드는 결핵 백신인 BCG(Bacille Calmette-Guérin)가 항암 효능이 있다는 것을 생쥐 모델에서 검증했다. BCG를 이용하는 항암 치료법은 FDA로부터 승인받았고, 현재 방광암 치료 등에 이용되고 있다.

    BCG와 콜리의 독소는 둘 다 면역반응을 일으켜 암을 치료하는 것이었다. 같은 개념의 치료법이지만, 올드는 콜리와는 접근 방식이 달랐다. 콜리가 눈에 보이는 현상에 집중했다면, 올드는 BCG의 치료 메커니즘을 찾으려 했다. 올드가 이런 개념으로 접근해 연구하던 과정에서, 면역학과 암 생물학 분야에 여러 연구 업적이 쌓여 나갔다. 그는 면역항암 치료의 바탕을 제공하는 '종양면역학'을 정립했다.

올드의 대표적인 업적으로는 종양괴사인자(Tumor necrosis factor, 이하 TNF)의 발견이 있다. 올드는 콜리의 독소, BCG 등 병원균이 유발하는 면역반응이 어떻게 암세포의 사멸을 이끄는가를 연구했다. 그리고 병원균이 면역 시스템을 자극할 때 대식세포 등에서 주로 발현되는 면역 신호전달 분자인 사이토카인(Cytokine)을 발견하였다. 이 사이토카인은 종양을 검게 변화시켰고 죽이기까지 했다. 올드는 이 사이토카인을 TNF라고 불렀다.

올드가 연구한 TNF는 감염이나 자가면역질환 등의 상황에서 강한 염증반응을 일으키는 사이토카인으로 판명되었다. 이후 TNF는 자가면역질환을 치료하기 위한 주요한 표적이 된다. 이는 암과 자가면역질환이 면역이라는 관점에서 보면 동전의 양면과 같은 특징을 가진다는 것을 보여주는 사례다.

올드는 연구에서 뛰어난 업적을 이루었을 뿐만 아니라 CRI, 루드비히 암 연구소(Ludwig Institute for Cancer Research) 등에서 디렉터로서 리더십을 발휘했다. '면역항암 치료 연구에서 업적을 남겼다면, 올드의 제자이거나 멘토링을 받은 사람일 것이다'라는 말이 있을 정도로, 올드는 면역항암 치료 분야에서 정신적 지주였다.

한편 미국 국립보건원(NIH) 국립암센터(NCI)의 수석 외과의사 스티븐 로젠버그(Steven Rosenberg) 박사는 환자를 살리기 위해 과감한(?) 임상시험을 하는 것으로 유명했다. 검증되지 않은 이론일지라도, 잠재된 가능성이 보인다면 죽어가는 환자에게 처방해 어떻게든 환자를 살려보자는 것이 그의 철학이었다.

로젠버그는 새로운 시도 앞에서 주저함이 없었다. 물론 과감한 시도가 언제나 성공하는 법은 아니다. 로젠버그는 T세포의 성장인자로 알려진 인터루킨-2(Interleukin-2, 이하 IL-2)를 유전자 재조합 기술로 대량으로 생산하는 것이 가능해지자 바로 항암 치료에 적용하였다. 말초혈액 단핵세포(Peripheral blood mononuclear cell, PBMC)를 IL-2 처리하여 몸 밖 환경에서 배양했다. 이때 암세포를 잘 죽이는 세포가 만들어지는 것을 관찰할 수 있었다.

로젠버그는 이 세포를 림포카인 활성화 살해(Lymphokine activated killer, 이하 LAK) 세포라고 불렀다. 뒤이은 임상시험에서 IL-2와 LAK 세포를 다른 치료제가 듣지 않는 전이성 암 환자에게 주입하여 전이성 흑색종과 신장암에서 종양 치료 효과를 보았다. 이 결과를 1985년 *NEJM*에 발표했다. 그때까지도 콜리의 독소나 BCG 등이 암세포를 없애는 메커니즘을 모르고 있었다면, 로젠버그의 연구는 면역세포를 이용해 암세포를 살해하는 방식으로 암을 치료할 수 있는 메커니즘적 가능성을 보여주었다.

그러나 IL-2의 치료 효능이 제한적이었던 것에 비해 부작용은 심각했다. 치료제로 널리 사용되기는 어려웠다. 이후 IL-2가 T세포나 LAK세포를 활성화시키기도 하지만 조절 T세포(Regulatory T cell)라는 면역 활성화를 억제하는 세포(1995년 발견)의 면역억제 기능을 향상시키기도 하는 것을 알게 되었다. 그리고 환자 몸속으로 주입한 IL-2가 제한적인 치료 효능만 가지는 원인도 정확하게 알게 되었다.

로젠버그의 IL-2 치료는 너무 서둘러 임상에 적용했다는 비판을 받기도 했다. 그러나 로젠버그의 과감한 시도로 개발한 면역세포 분리 및 체외배양 기술, 임상 기술 등은 CAR-T세포 치료제 개발에 도움을 주었다. 예를 들어 CAR-T세포 치료제인 예스카르타®를 개발한 카이트 파마는 로젠버그의 기술을 이용해 창업했다.

무지, 보수성, 실패

2010년 이전까지의 노력들이 면역항암 치료를 위한 기초를 쌓는 토대였다는 점은 분명하다. 그러나 그 과정은 대체로 흑역사로 기억된다. 뛰어난 학자들이 최선을 다해 연구했지만, 프레임에 문제가 있었던 것이다. 우선 면역 자체에 대한 프레임의 문제였다.

적어도 1990년대까지만 해도 면역은 바이러스나 병원균 등 외부 물질의 침입에 대응하기 위한 시스템이라고 생각했다. 즉 '자기와 비(非)자기(self vs. non-self)의 프레임'이다. 이 프레임 속에서 보면 암세포는 몸속 세포가 변형되어 생긴 결과다. 암세포는 '자기'고, 면역과는 관계가 없을 것이라는 전제가 깔려 있었다. 암은 걷어내야 하는 몹쓸 덩어리이기는 하지만, '면역으로 조절할 수 있다'는 개념을 잡을 수 없었다. 개념의 한계는 연구의 한계로 이어졌다.

보수성 프레임도 한몫했다. 2000년대 초반, 면역관문억제제, 암백신(Cancer vaccine) 같은 면역항암제 후보물질들은 규모가 작은 바이오벤처나 바이오테크를 중심으로 임상시험이 진행되었다. 당시 신약개발의 첨단에 서 있었던 대형 제약기업들의 관심은 표적항암제였기 때문이다.

표적항암제 이전까지 항암제의 메커니즘은 독한 화학물질로 암세포를 없애는 원리였다. 주로 암세포가 빠르게 자라는 특성에 반응하는 독한 화학물질를 약으로 개발했는데, 이런 방법은 정상 세포에도 많은 손상을 입혀 부작용이 컸다. 그런데 표적항암제는 암세포의 특이적인 분자 특성을 표적으로 한다. 따라서 정상 세포에 대한 부작용을 최소화하면서 암세포만을 선별적으로 없앨 수 있다. 2001년 FDA 승인을 받으며 표적항암제의 시대를 연 글리벡®은 만성 골수성 백혈병(Chronic myeloid leukemia, CML) 치료제로 성공했다.

그런데 표적항암제 역시 혁신적인 과학을 바탕으로 태어난 물건이었지만, 효과가 뛰어나다는 점은 다시 보수화를 불러왔다. 모두 표적항암제 연구만 쳐다보았고, 면역항암제는 관심 밖으로 밀려났다.

마지막으로 실패 프레임이다. 면역항암제가 항암제 연구에서 스포트라이트를 받지는 못했지만 그럼에도 그 안에서 먼저 주목받은 분야는 암백신이었다. 백신은 가장 성공적인 면역 치료법으로 홍역, 볼거리, 백일해, 소아마비 등의 질병을 지구상에서 거의 사라지게 할 정도로 강력한 치료법이다. 그러나 Provenge®, GVAX®, Canvaxin®처럼 주목받던 암백신 후보물질들은 임상에서 기대했던 효능을 보여주지 못했다. Sipuleucel-T 정도가 2010년 FDA 승인을 받았다. 여러 번의 실패는 '이

건 안 되는 것이구나'하는 프레임을 만든다. 실패를 지켜본 얼티모백스(Ultimovacs) 최고전략책임자(CSO) 구스타브 가우데르낙(Gustav Gaudernack)은 '면역으로 암을 치료한다는 것은 헤어드라이기로 바다를 말리겠다는 것과 같다'며 좌절감을 드러내기도 했다.

III

면역항암제를 이해하기 위해
알아야 할 최소한의 면역

면역은 매우 복잡한 시스템이고, 암은 변화무쌍한 질병이다. 면역항암제는 면역의 복잡한 시스템을 바탕으로 설계되어야 하는데, 치료할 대상은 변신에 능하고 몸 이곳저곳으로 옮겨 다닐 수 있다. 콜리에서 시작해 여러 연구자들이 도전했지만, 성공과 실패가 깔끔하지 못했던 이유 가운데는 면역의 복잡함도 있다. 이 작은 글에서 복잡한 면역 시스템을 모두 꼼꼼하게 살펴볼 수는 없지만 간략하게라도 둘러보자.

선천면역과 적응면역

면역에 대한 일반적인 접근법은 선천면역(Innate immunity)과 적응면역(Adaptive immunity)으로 나누는 방법이다. 선천면역은 태어날 때 물려받은, 디폴트(default) 값의 면역이다. 선천면역을 설명할 때 빠지지 않는 것이 '물리적 방벽'이라는 공간적 개념과, '빠르게 대응한다'는 시간적 개념이다. 병원균 감염은 물리적인 방벽인 상피층이 뚫리면서 시작한다. 이럴 때 상피세포는 TNF-α 같은 사이토카인을 분비해 선천면역계에 속한 면역세포들을 감염 부위로 불러들인다. 감염 부위에 온 호중구(Neutrophil), 대식세포(Macrophage), 수지상세포(Dendritic cell)는 문제가 되는 병원균을 먹어치워 없앤다.

이 과정에서 열이 나는 '염증(Inflammatory)'이 나타난다. 감염이 발생하면 곧바로 염증이 일어나게 마련이다. 이는 선천면역계에 속한 면역세포들이 물리적으로 신체 조직 안에 퍼져 있거나, 조직을 지나가는 혈관 안에 있어 염증 사이토카인에 곧바로 반응해 작동하기 때문이다. 빠르게 작동하는 물리적 방벽인 셈이다.

선천면역이 태어날 때 선천적으로 얻는 면역이라면, 적응면역은 '감염 등 여러 병리적인 상황에 적응해가면서 얻는' 면역이다. 적응면역은 특정 항원에 대하여 반응하며, 항원 특이성(Antigen specificity)을 가진다. 이는 '병리적인 상황의 원인이 되는 특정한 항원을 기억(Memory)한다'는 개념으로 풀어볼 수 있다. B세포, T세포는 적응면역계에 속하는 대표적인 면역세포들이다.

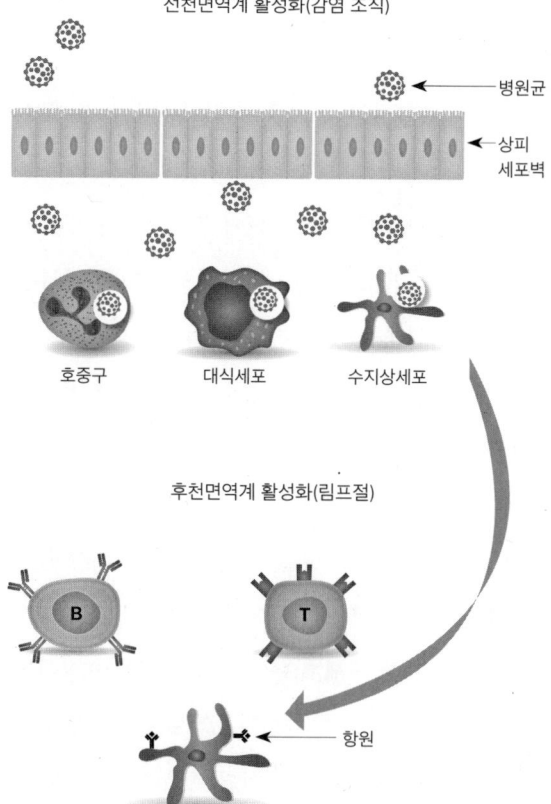

이들은 면역기억을 만들어 전에 침입한 병원균의 항원을 기억한다. 기억하고 있으니 같은 병원균이 다시 침입하면 빠르고 강한 면역반응을 일으키며 효율적으로 대응할 수 있다.

B세포는 화학적·구조적 특징이 다양한 항원에 결합하는 여러 종류의 항체를 만든다. 항체는 병원균 표면에 있는 항원에 붙는다. 항원에 붙은 항체는 병원균의 작용을 억제하거나 병원균을 대상으로 다른 면역반응을 일으켜 병원균을 없앨 수 있게 한다.

B세포는 세포 밖 체액 안에 있는 항원에 결합하는 항체 만드는 것을 목표로 한다면, T세포는 세포 안에 있는 항원에 대한 면역반응에 관여한다. 우선 선천면역계의 대식세포 등이 병원균을 잡아먹는다. 대식세포 안으로 잡혀들어간 병원균은 대식세포 안에서 제거되는데, 일부 병원균은 대식세포 안에서 저항하면서 살아남기도 한다. 이렇게 남은 병원균을 없애려면 T세포가 나서야 한다. 또한 바이러스에 감염된 세포나 암세포도 세포 안에 있는 항원에 대한 면역반응으로 없애는데, 이것도

T세포의 몫이다. 이렇게 보면 T세포가 암세포를 없애는 면역반응에서 주도적인 역할을 하는 셈이다. 만약 암세포 항원을 기억하는 T세포를 만들 수 있다면, 환자 몸속에 현재 있는 암세포를 없애는 것은 물론, 앞으로 생겨날지 모르는 같은 항원을 가진 암세포도 없앨 수 있을 것이다. 암의 재발을 막을 방법이 생기는 것이다.

면역기억

정보를 기억하고, 기억한 대로 움직였을 때의 장점은 효율성이다. 면역 치료제가 성공적으로 면역기억을 만들면 짧게는 수년, 길게는 수십년 동안 효능을 발휘한다. 지금까지의 치료제는 환자 몸속에서 효능을 발휘하는 시간이 보통 수시간에서 수일 정도다. 몸속에 들어간 약물이 흡수, 소화, 배출되면서 없어지는 등의 일이 생겨나기 때문이다. 따라서 병리 상황이 해결될 때까지 환자는 정기적으로 약을 투여받아야 한다.

면역기억 개념을 적용한 대표적인 치료제는 백신이다. 예를 들어 인플루엔자 백신은 유행할 것으로 예상되는 인플루엔자 바이러스를 미리 투여해 몸속에 이를 기억하는 항체도 미리 만들어두는 대응법이다. 백신을 맞아 면역기억을 만들어놓으면, 해당 인플루엔자 바이러스가 침입했을 때 면역 시스템은 이에 해당하는 항체를 빠르고 많이 만들어낼 수 있다. 결핵, 홍역 등의 백신은 주로 유아기 때 맞지만 효과는 평생 이어진다. 면역항암제의 성공도 면역기억에 힘입은 바가 크다.

수지상세포

면역 시스템을 선천면역과 적응면역으로 분리해 개념화했지만, 이 둘은 따로 떨어져서 작동하지 않는다. 둘은 유기적으로 연결되어 있다. 예를 들어 수지상세포(Dendritic cell)는 감염원을 잡아 먹는 선천면역계에 속한 면역세포지만, 감염원의 정보를 적응면역계에 전달하는 통신원의 일도 함께 한다.

수지상세포는 감염원을 포획해 펩타이드 형태로 잘게 쪼갠다. 이렇게 쪼개진 펩타이드는 수지상세포 표면으로 올라가는데, 마치 수지상세포가 무엇을 먹어치웠는지 표시한 것처럼 보인다. 무엇을 먹었는지 표면에 표시해놓은, 그래서 항원제시세포(Antigen presenting cell)가 된 수지상세포는 림프절(Lymph node)로 움직인다.

보통 성인에게는 약 1mm 크기의 림프절이 500~700개 정도가 있는데, 수지상세포를 비롯한 면역세포들은 이곳으로 모인다. 수지상세포는 자기가 먹어치운 감염원의 정보를 이곳에서 다른 면역세포들에게 전달한다. 특히 적응면역계로 분류되는 T세포가 정보를 전달받는다. T세포 가운데 수지상세포가 제시하는 항원 정보에 반응하는 것이 있는데, 이런 T세포는 수지상세포의 정보에 반응해 활성화되고 그 수가 늘어난다. 그리고 해당 항원을 보유한 세포를 찾아가 항원 특이적 면역반응을 유발한다.

한편 수지상세포는 T세포에 항원에 대한 정보뿐만

아니라, 해당 조직이 정상적인 환경에 놓여 있는지 아닌지에 대한 정보도 전달하고 있었다. 선천면역계와 적응면역계를 잇는 역할을 하는 수지상세포를 발견한 랠프 스타인먼(Ralph Steinman, 1943-2011) 박사는 공로를 인정받아 2011년 노벨 생리의학상을 수상했다.

과학적 사실이 밝혀지는 과정에서 주목해야 할 것은 '개념화에 따른 오류 현상'이다. 과학은 현상을 이해하기 위한 개념화 작업이지만, 개념으로 고정되면 과학 아닌 무언가가 된다. 면역 시스템을 개념화하다 보니 몇 가지 특징을 바탕으로 선천면역과 적응면역으로 나누었지만, 둘이 다른 시스템이라고 보기에는 밀접한 관계가 있었다. 이런 말이나 개념과 관계없이, 면역은 한 팀으로 움직이고 있었다.

암-면역 사이클

이와 비슷한 일은 또 있다. 바로 암에 대한 면역반응이다. 면역 시스템을 '외부에서 들어와 병리 상황을 만들어낼 수 있는 것들에 대한 대비책'이라고 설명하는 것이 전통적인(?) 학계의 입장이었다. 암은 외부에서 생긴 물질이 아니니 면역으로 어떻게 해볼 도리가 없다고 여기는 것이 당연했다. 그런데 면역 시스템은 암도 없애고 있었다.

종양면역학이 발달하면서 암에 대한 면역반응이 어떻게 유발되고 진행되는지에 대한 지식도 쌓여 갔다. 또한 면역항암 치료제가 임상에서 성공하면서 종양면역학에 대한 사람들의 관심도 커져 갔다. 이러한 흐름에 부응하여 「종양학과 면역학의 만남: 암-면역 사이클(Oncology Meets Immunology: The Cancer-Immunity Cycle)」이라는 논문이 2013년에 『이뮤니티(*Immunity*)』에 발표된다. 이 논문은 종양내과의사인 스탠퍼드 의과대학 대니엘 첸(Daniel Chen)과 면역학자인 제넨텍의 아이라 멜만(Ira Mellman)이 함께 쓴 논문인데, 두 사람 모두 각자의 분야를 대표하는 학자다.

암-면역 사이클(Cancer-immunity cycle)은 종양 조

직과 림프절 두 기관을 오가며 암에 대한 면역반응이 일어나는 과정을 7단계로 구분한다.

1. 암세포 사멸에 의한 항원 방출 → 2. 수지상세포의 암 항원 제시 (및 림프관을 통한 림프절로의 이동) → 3. T세포 활성화 → 4. (혈관을 통한) T세포의 종양 조직으로의 이동 → 5. T세포의 종양 조직 침투 → 6. T세포의 암세포 인식 → 7. T세포의 암세포 살해

중요한 것은 T세포의 암세포 살해(7)가 암 항원 방출(1)을 촉진시키므로, T세포 기능을 강화하는 것은 단순히 암세포를 잘 죽일 수 있는 것 이상으로 암에 대한 면역반응을 전체적으로 높힐 수 있게 해줄 수 있다는 점이다. 2019년 현재 웬만한 면역항암제 신약개발 관련 학술대회에 가면, 발표 테이블 가운데 절반 정도에서는 암-면역 사이클에 대한 프리젠테이션을 볼 수 있을 정도로 이 분야의 사고 방식을 결정하는 도그마로 자리 잡

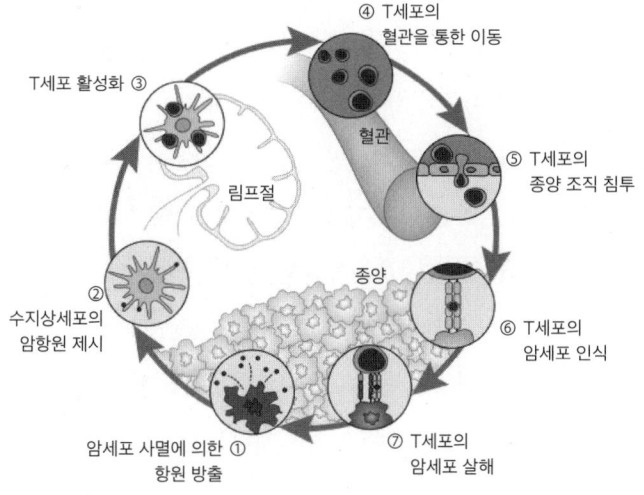

암-면역 사이클
[출처: D.S. Chen, and I. Mellman, Oncology meets immunology: the cancer-immunity cycle, *Immunity* 39, 1 (2013).]

았다. 그러나 10년 전만 해도 대부분 신경 쓰지 않거나 받아들이지 않던 프레임이었다.

지금까지 눈에 보이는 성공을 거둔 면역항암 치료제라고 할 수 있는, 면역관문억제제와 CAR-T세포 치료제는 모두 T세포의 기능을 강화한 것이다. 반면 실패한 암백신은 수지상세포에 대한 것이었다. 결과를 알면 답을 알 수 있는 것처럼, 암-면역 사이클을 들여다보면 이런 결과의 이유를 어느 정도 추정할 수 있다. T세포는 암-면역 사이클의 뒷부분에서 암세포를 직접 살해하는, 축구로 치면 스트라이커다. 그런데 수지상세포는 T세포 제어로 암세포를 살해하는 미드필더에 가깝다. 약체팀이 미드필더를 강화하면 좋은 게임을 펼치는 데는 도움은 될 것이다. 그러나 골을 더 넣어 게임에서 이기기는 어려울 것이다. 만약 스트라이커를 잘 쓴다면? 승률을 조금 높이는 것이 가능할 것이다.

IV

독성 림프구 이용 면역세포 치료제

독성 림프구

독성 림프구(Cytotoxic lymphocyte)는 암세포를 인지하고 죽이는 면역세포다. NK(Natural killer) 세포와 T세포의 일종인 세포독성 T림프구(Cytotoxic T lymphocyte, CTL) 등이 대표적인 독성 림프구이다. 이들이 암을 인지하는 메커니즘은 서로 다른데, 덕분에 암세포가 독성 림프구를 피할 가능성을 줄이는 상호보완적인 역할을 한다. 이들은 축구로 치면 공격수, 전쟁으로 치면 지상전을 수행하는 보병으로 볼 수 있다.

암-면역 사이클에서 볼 때 가장 쉽게 암을 치료하는 방법은, 환자의 몸 밖에서 대량으로 배양한 독성 림프구를 환자에게 주입하는 것이다. 갑자기 경기장에 공격수를 무더기로 투입하거나, 교착상태에 빠진 전선에 백만대군을 한꺼번에 보내는 식이다. 이러한 치료법을 입양세포 치료법(Adoptive cell therapy, ACT)이라고 한다. 독성 림프구를 이용한 입양세포 치료법은 T세포 유전자를 조작해 힘을 강력하게 만든 CAR-T세포 치료제의 성공과 함께 주목을 받고 있다.

조혈모세포 이식

면역세포 이식으로 암을 치료하는 방법은 조혈모세포 이식(Hematopoietic stem cell transplantation)에서 시작했다고 볼 수 있다. 독성 림프구를 이용한 면역항암 치료의 중요한 개념과 핵심 기술도 조혈모세포 이식 과정에서 정립되었다.

1950년대에는 원전 사고에 따른 방사능 피폭이나, 항암 치료 과정에서 독성을 가진 항암제나 방사선에 지나치게 노출되어 혈액 세포들이 죽는 환자들이 꽤 있었다. 에드워드 도널 토머스(Edward Donnall Thomas, 1920~2012) 박사는 골수에 혈액세포를 만드는 능력이 있는 세포가 있음을 확인했고, 골수를 이식해 환자를 치료하는 방법을 연구했다. 나중에 밝혀졌지만 골수에서 만들어지는 조혈모세포는 백혈구, 적혈구, 혈소판 등 혈액세포의 재생에 주요한 역할을 하였다. 조혈모세포는 다양한 세포로 분화할 수 있는 능력과 스스로 복제할 수 있는 능력이 있어 조혈줄기세포라고도 불린다.

토머스는 처음에는 재생의학(Regenerative medicine) 관점에서 조혈모세포 이식을 연구했다. 방사선 노출로 골수가 망가져 혈액 세포들이 죽어 나가니, 멀쩡한 조혈모세포를 이식해 재생시키겠다는 것이었다. 토머스는 조혈모세포 이식으로 많은 환자의 생명을 구했고, 공로를 인정받아 1990년 노벨 생리의학상을 타기도 했다.

조혈모세포 이식법은 재생의학뿐만 아니라 면역세포 치료법의 기원으로도 여겨진다. 조혈모세포를 이식한다고 생각했지만, 실제로는 골수에 있는 여러 면역세포들이 함께 이식되었다. 이식된 면역세포의 기능을 제어하는 것이 성공적인 조혈모세포 치료의 핵심적인 요인이 되었으며, 그 과정에서 개발된 기술과 노하우는 이후 면역세포를 이용한 암 치료 기술 개발의 핵심적인 요소가 되었다. 그래서 토머스가 연구 시간의 대부분을 보낸 시애틀의 프레드 허친슨 암 연구센터(Fred Hutchenson Cancer Research Center)는 면역항암 세포 치료 기술 개발에도 핵심적인 역할을 했다.

조혈모세포 이식법은 비교적 간단하다. 공여자에게 얻은 조혈모세포를 환자에게 주입하는 것이다. 이식법은 간단했지만, 이식한 결과는 간단하지 않았다. 환자와 공여자의 조직형(Tissue type)이 맞지 않을 때 면역거부반응(Immune rejection)이 나타났기 때문이다. 초기 조혈모세포 이식은 공여자의 조혈모세포만 사용할 수 있었다. 환자의 조혈모세포가 망가져 있으니, 환자의 세포를 꺼내서 뭘 어떻게 해볼 수가 없었기 때문이다.

최초의 조혈모세포 이식은, 환자와 조직형이 맞는 공여자를 구한다는 개념도 없던 1950년대 중반에 시작했다. 면역에 대한 이해가 충분하지 않았지만 위급한 상황이었고 다른 대안이 없었으니 이식을 시도하곤 했다. 이런 경우 환자 몸속에 있는 면역세포가 공여자에게 이식받은 세포를 모두 죽이는 면역거부반응이 나타나는가 하면, 반대로 공여자의 면역세포가 환자의 세포를 공격하는 이식편 대 숙주 질환(Graft vs. Host Disease, 이하 GvHD)이 나타나기도 했다. 공여자의 면역세포와, 환자의 면역세포도 모두 공격의 대상이 될 수 있었다. 조직형에 대한 지식이 어느 정도 정립되면서 조직형이 일치하는 쌍둥이나 형제에게서 이식을 받는 방법을 찾았지만, 이렇게 하면 공여할 수 있는 경우의 수가 매우 줄어들게 된다. 조직형이 완벽하게 일치하지 않는 경우에도 이식할 수 있는 방법을 찾아야 했다.

결국 공여자의 면역세포가 환자 몸속에서 없어지지 않고 생착되는 비율을 최대화하기 위해, 환자의 면역세포를 최대한 없애고 공여자의 면역세포를 이식하는 방법이 시행되었다. 그런데 문제가 바로 생겼다. 면역세포를 모두 없애 면역이 결핍된 환자는 병원균의 감염에 조금만 노출되어도 곧바로 위급한 상황에 처할 수 있다. 환자를 무균실에 입원시켜 외부 감염을 막을 수는 있겠지만, 환자 몸에 이미 잠복하고 있는 바이러스는 어쩔 수 없었다. 거대세포바이러스(Cytomegalovirus, CMV), 엡스타인 바 바이러스(Epstein-Barr virus, EBV)가 대표적인 것들이다. 이 바이러스들은 몸속 면역이 정상일 때는 문제를 일으키지 않지만, 면역이 결핍된 상황에서는 환자의 생명을 위협할 수 있다. 또한 공여자의 조혈모세포가 분화하고 증식해 정상적인 면역 기능을 회복하는 데는 몇 주가 걸리는데, 이때 환자의 안전을 담보하기 어려웠다.

그런데 조혈모세포와 함께 이식된 공여자의 면역세포가 바이러스를 제어하는 역할을 해주었다. 처음에는 분리하는 기술이 없어서 의도하지 않게 함께 넣어준 것인데, 뜻하지 않게 도움이 된 것이었다. 뿐만 아니라 공여자의 면역세포는 환자 몸속에 남아 있던 면역세포를 모두 없앴다. 덕분에 공여자의 조혈모세포는 환자 몸속에 안전하게 자리 잡을 수 있었다. 또한 남아 있는 암세포를 제거(Graft-versus-tumor, 이하 GvT)하는 등의 일도 생겼다.

GvHD의 경우는 조혈모세포와 함께 환자에게 투여된 면역세포가 환자의 면역세포와 암세포를 제거하면서 환자의 정상 세포까지 공격해 정상 조직과 기관을 망가뜨리는 것이었다. GvT가 강하면 GvHD도 강해졌

조혈모세포 이식에서 여러 세포들의 역할

조혈모세포

- 혈액세포 생성
- 면역 기능 복원 (수 주 소요)

면역세포

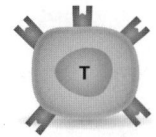  

GvHD: +++   GvHD: -   GvHD: -
GvT: +++   GvT: +   GvT: +

- 환자 면역세포 살해 → 조혈모세포 생착
- CMV, EBV 등 잠복 바이러스.제어
- GvHD
- GvT

다. 조혈모세포와 함께 주입하는 다양한 면역세포 가운데 특히 T세포가 강력한 GvT와 더불어 심각한 GvHD를 일으키는 양날의 검이었다.

이러한 복잡한 문제를 해결하는 과정에서 면역 시스템에 대한 이해는 점점 깊어졌다. 면역세포를 제어하는 많은 기술과 노하우도 쌓였다. 최초의 T세포를 이용한 입양세포 치료는 암 치료가 아닌 조혈모세포 이식 후 환자의 면역결핍 기간 동안 문제가 되는 CMV를 치료하기 위하여 이루어졌다. 프레드 허친슨 암연구소의 필립 그린버그(Philip Greenberg) 박사 연구팀은 공여자의 T세포 가운데 CMV에 반응하는 T세포는 분리하여 몸 밖에서 배양하는 데 성공했다. 이를 환자에게 주입해 환자 몸속 CMV를 제어할 수 있음을 보여주었다. 이 결과는 1992년 『사이언스』에 발표되었다.

그린버그의 기술은 공여자에게서 바이러스에 반응하는 T세포를 분리·증식하는 데 추가로 시간이 걸리는 문제가 있었다. 이를 해결하기 위해 공여자와 환자가 아닌 제3자에게서 바이러스에 반응하는 T세포를 구해

놓고 기성품(off-the-shelf)처럼 조혈모세포 이식과 함께 사용하는 방법이 고안되었다. 이 경우 제3자의 CMV나 EBV에 반응하는 T세포가, 환자의 몸속에서 공여자의 면역세포에 의해 없어지는 바람에 지속성(Persistency)이 떨어졌지만, 어차피 공여자의 조혈모세포가 면역 시스템을 형성하기 이전에만 기능하면 되었으니 큰 문제는 아니었다.

공여자의 면역세포가 일으키는 GvHD를 최소화하기 위하여 자살 스위치를 넣는 시도도 이루어졌다. 1997년 『사이언스』에 발표된 기술로, GvHD를 일으키는 시점에 자살 스위치를 켜서 공여자의 면역세포를 제거할 수 있었다. 기성품과 더불어 자살 스위치는 CAR-T 세포 치료제 개발에도 사용되고 있다.

공여자의 림프구에서 T세포를 모두 없애고 주입하는 시도도 이루어졌다. 이 경우 NK세포의 기능이 두드러졌다. NK세포는 GvHD를 거의 일으키지 않았으며, 조직형이 일치하지 않는 상황에서 더 강력한 효능을 보일 수도 있다는 내용이 2002년 『사이언스』에 발표되기도 했다. 이는 NK세포를 바탕으로 하는 면역항암 치료 연구에서 중요한 이정표를 세운 연구였다.

조직형

조혈모세포 이식이나 장기 이식에서 중요한 것은 조직형을 최대한 일치시키는 것이다. 조직형이 일치하지 않으면 면역거부반응이나 GvHD 등 심각한 문제가 발생하기 때문이다. 그렇다면 조직형은 분자 수준에서 어떻게 결정되는 것이며, 왜 T세포는 조직형이 다른 개체로 이식되었을 때 문제를 일으키는 것일까?

조직형을 결정하는 것은 주조직 적합성 복합체(Major histocompatibility complex, 이하 MHC)라는 분자다. MHC 분자는 세포 안에 있는 단백질 항원을 펩타이드로 잘게 쪼개 표면에 제시한다. 모든 세포는 1유형 MHC 분자(MHC-I)를 표면에 발현하고, 이를 이용하여 세포질에 있는 항원을 세포 표면에 제시한다. 수지상세포, 대식세포, B세포 등의 전문 항원제시세포는 세포 밖에 있는 다른 물질을 먹어 분해하여 2유형 MHC(MHC-II)를 이용해 표면에 제시한다. 사람의 MHC는 특별히 HLA(Human leukocyte antigen)라고 부른다. 이름만 다를 뿐 항원을 제시하는 기능은, 면역 시스템을 운용하는 다른 동물들과 같다.

사람은 저마다 다른 HLA, 즉 다른 조직형을 가진다. 사람의 MHC-I는 HLA-A, HLA-B, HLA-C 세 종류이며, HLA-A, HLA-B, HLA-C는 다시 각각 약 수천 가지 종류 이상의 다른 형태를 가질 수 있다. 경우의 수가 조합되면서 사람마다 다른 조직형을 가질 수 있다. 물론 유전자가 오고가는 혈연관계에서는 약간 다르다. 각 HLA 분자는 부모에게 반씩 물려받으니, 부모와 자녀는 조직형이 절반씩 일치하고, 자녀들 가운데 일부의 경우에는 완전히 일치할 수도 있다. 그리고 일란성 쌍둥이의 조직형은 완전히 같다.

HLA 유형이 이렇게 다른 이유는 생존 전략이다. 만약 HLA 유형이 하나였다면 면역거부반응이 없어 장기 이식이나 조혈모세포 이식은 쉬울 것이다. 그러나 모든 인류의 조직형을 회피하는 특정 병원균에 감염되어 이미 멸종했을지 모른다. 그러나 HLA가 다양하면, 특정 병원균을 상대로 항원을 제시해 T세포 반응이 가능한 사람이 언제나 있다. 모든 사람이 죽지 않았고, 여러 질병 상황에서도 늘 살아남은 사람이 있었다. HLA의 다양성은 인류라는 종의 생존과 직접 관계가 있는, 중요한 진화적 장치다.

한편 T세포는 HLA에 의해 제시된 펩타이드 항원뿐만 아니라 HLA 자체도 인지한다. 자주 마주치는 HLA에 적응하여 활성을 억제하는 '면역관용'을 보이는 것이다. 반대로 잘 마주치지 않던 다른 HLA를 접하면 T세포가 활성화되면서 면역반응을 일으킨다. 면역거부반응은 T세포가 타인의 HLA에 의해 활성화되는 것과 관계가 깊다. (단 구체적인 메커니즘은 복잡하며 아직 밝혀지지 않은 부분도 많다.)

T세포 수용체와 항원 특이성

T세포는 T세포 수용체(T cell receptor, 이하 TCR)를 이용하여 다른 세포가 MHC 분자에 얹어 제시하는 펩타이드 항원을 인식한다. TCR은 6개의 폴리펩타이드 사슬(Polypeptide Chain)로 구성되어 있으며, α와 β 사슬은 항원의 인지를, γ, δ, ε, ζ 사슬은 세포 내부로의 신호전달을 담당한다.

T세포가 항원 특이적(Antigen specific) 면역반응을 일으키려면, 존재하는 항원의 종류에 버금가는 다양한 항원을 인지할 수 있는 TCR이 필요하다. TCR의 항원 인지 부위는 유전자 재조합으로 생성된다. 1988년 스탠퍼드 대학 마크 데이비스 박사 연구팀이 『네이처』에 발표한 바에 따르면 이론적으로는 10^{15}개 이상의 TCR이 만들어질 수 있다고 한다. 단 1999년 『사이언스』에 발표된 결과에 따르면 실제로 한 사람의 몸에 있는 TCR의 수는 2.5×10^7개 정도다.

이는 가능한 경우의 수 가운데 일부만 발현된다는

뜻이다. 우리 몸의 총 세포 수가 4×10^{13}개 정도이니, TCR의 다양성을 모두 발휘하려면 우리 몸의 모든 세포가 T세포여도 모자라다. 적절한 선에서 타협할 필요가 있는 것이다. 미네소타 대학의 마크 젠킨스 박사 연구팀은 쥐의 T세포 총 수를 추산했고, 이를 바탕으로 체중 대비 사람의 T세포의 총 수를 3×10^{11}개로 계산했다.(*Annual Review of Immunology*, 2010)

연구자들의 계산이 맞는다면 T세포는 전체 세포 가운데 약 1% 정도 비율로 있는 것이다. 이는 남한의 인구 대비 군인의 비율과도 비슷하다. 남한은 OECD 기준으로 보면 국방비 지출이 많은 편인데, 우리 몸은 T세포에 의한 항원 특이적 면역반응에 상당히 많은 자원을 투자하고 있는 셈이다. 그만큼 T세포의 역할은 중요하다.

같은 TCR을 발현하는 T세포를 클론(Clone)이라고 한다. 한 사람의 TCR의 종류가 2.5×10^7개 정도다. 대체로 하나의 T세포가 한 종류의 TCR을 발현하니, 한 사람이 가진 T세포 클론의 수는 2.5×10^7개라고 할 수 있다. 이제 총 T세포의 수(3×10^{11}개)를 클론 수로 나누면,

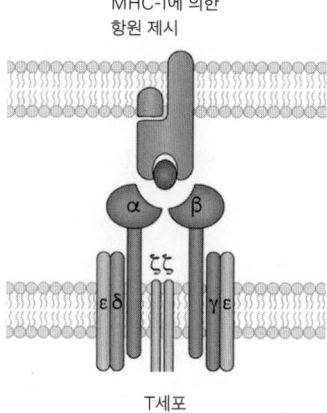

MHC-1에 의한 항원 제시

T세포

TCR의 항원 인지

클론이 같은 T세포는 10,000개 정도라고 볼 수 있다. 10,000개라고 하니 꽤 큰 것 같지만, 각 클론이 우리 몸 전체에서 해당 항원에 대한 방어를 맡는다고 생각하면 그렇게 큰 숫자도 아니다. T세포 하나의 부피가 100펨토리터(펨토는 10^{-15}) 정도인데, 우리 몸의 부피를 약 100리터라고 하면 T세포가 차지하는 비율은 $1/10^{15}$(100조 분의 1) 정도다.

우리 몸의 크기와 비교하면 턱없이 적은 수의 클론당 T세포로 우리 몸 전체를 방어할 수 있는 비결은 '속도'다. T세포는 혈류를 따라 우리 몸 안에서 빠르게 이동한다. 물리적인 이동속도뿐만 아니라 세포 자체가 늘어나는 속도도 있다. T세포는 면역반응이 필요한 상황에서 빠르게 늘어나 같은 클론의 T세포 수를 늘린다. 이를 클론 확장(Clonal expansion)이라고 한다. 독성 T세포는 6시간에 1번 정도 세포분열을 하는데, 4일이면 수만 배 이상이 된다.

T세포는 분화된 정도에 따라 나이브(Naïve) T세포, 효과(Effector) T세포, 기억(Memory) T세포로 분류한

다. 아직 항원을 만나지 않아 활성화되지 않은 T세포가 나이브 T세포다. 나이브 T세포가 항원을 만나 활성화되면 클론 확장으로 수가 늘어나면서 효과 T세포로 분화한다. 효과 T세포는 항원을 발현하는 병원균에 대항해 활발한 면역반응을 일으켜 병원균을 없앤다. 효과 T세포는 1주일 정도로 수명이 짧다. 효과 T세포가 병원균을 다 없애면 수축기(Contraction phase)를 거쳐 대부분의 효과 T세포가 사멸하고, 적은 수의 기억 T세포만 남는다. 기억 T세포는 오랫동안 몸속에 살아남아, 같은 항원을 가지는 병원균의 재침입에 대비한다. 우리 몸이 가질 수 있는 T세포 수는 한정되어 있다. 즉 나이가 들수록 기억 T세포의 양이 늘어날 것이고, 나이브 T세포는 줄어들게 된다. 이런 이유로 나이브 T세포가 많은 젊은이가 백신에 효과적으로 반응하는 것에 비해, 기억 T세포가 많은 노인에게는 백신의 효과가 낮다.

체외 배양 T세포 이용 면역항암 치료

1990년대 초반, 최초의 체외 배양 T세포 치료제가 개발되었다. 조혈모세포를 이식할 때 환자 몸속에 잠복하고 있는 바이러스인 거대세포바이러스(CMV)나 엡스타인 바 바이러스(EBV)를 제어하기 위한 목적이었다. 이때는 바이러스 항원에 대해서는 잘 알려져 있었지만, 암에 대해서는 항원은커녕 암이 면역반응을 일으키는가에 대해서도 회의적인 시각이 많던 때다.

1991년이 되어서야 티어리 분(Thierry Boon)이 사람 암세포에서 특이적으로 발현하는 암 항원을 처음으로 발견했다. 몸 안에서 자체적으로 생긴 암세포에 대해 T세포가 면역반응을 일으킬 수 있다는 주장에 실질적인 근거가 마련되었다. 이는 암세포를 인지하고 살해하는 T세포를 몸 밖에서 대량으로 배양하는 것이 의미 있는 연구가 될 수 있다는 프레임의 바탕을 마련해준 것이기도 했다.

2002년, 미국 국립보건원의 로젠버그 연구팀과 프

레드 허친슨의 그린버그 연구팀은 『사이언스』와 *Proceedings of the National Academy of Sciences of the United States of America*(이하 *PNAS*)에 임상시험 결과를 발표한다. 흑색종(Melanoma) 환자에게서 추출한 흑색종 특이적인 T세포를 체외에서 대량으로 배양해 다시 환자에게 주입하는 임상시험 결과였다. 일부 환자에게 자가면역질환이 나타나기도 했지만, 일부 환자에게는 암이 줄어드는 것을 발견했다. 환자의 T세포를 이용한 입양세포 치료법으로 암을 치료할 수 있는 가능성을 보여준 것이다.

흑색종은 피부에 있는 멜라닌 세포가 변이해서 생기는 암이다. 자외선 노출 등이 주요 발병 원인으로 알려져 있다. 백인에게 주로 발생하지만, 한국에서도 발병률이 빠르게 늘어나고 있다. 흑색종은 전이가 잘 되는데, 흑색종에 면역항암제를 보편적으로 처방하기 전에는 사망률이 높은 암으로 유명했다.

면역항암제 개발에서 흑색종은 특별한 자리에 있다. 면역항암제의 임상시험도, 그에 따른 성공적인 결과도 모두 흑색종에서 일어난 일이었기 때문이다. 흑색종이 이런 자리를 차지할 수 있었던 이유는, 흑색종이 워낙 악성인 암이라 마땅한 약도 치료법도 없었기 때문이다. 대책이 없는 암이니 환자, 의료진, 제약기업 모두 임상시험 결정에 어려움이 덜했다. 또한 흑색종은 자외선에 노출되면서 유전자 변이가 많은 암이기 때문이다. 유전자 변이가 많으면 그에 따른 암 항원이 많을 것이므로 면역항암제가 면역반응을 강력하게 일으킬 수 있었다.

로젠버그 연구팀은 T세포 성장인자인 IL-2를 암 환자에게 주입하는 IL-2 치료제를 개발했었다. 이후 암 조직에 직접 침투해 면역반응을 보이는 '종양침투 림프구(Tumor infiltrating lymphocyte, 이하 TIL)'를 분리하고, 분리한 TIL을 IL-2를 이용해 배양하는 연구도 진행하고 있었다. 로젠버그 연구팀은 연구 과정에서 TIL 가운데 일부가 암세포를 인지하고 죽이는 암 항원 특이적 T세포임을 알게 되었다. 여기서 아이디어를 얻어 TIL에서 암 항원 특이적 T세포를 분리하는 기술을 개발한다.

혈액에도 암 항원에 특이적으로 반응하는 T세포

가 있다. 그러나 혈액 안에 있는 T세포는 2.5×10^7가지 TCR을 가질 수 있으므로, 이 가운데 암 항원에 특이적인 T세포 비율이 지나치게 낮았다. 즉 분리하는 것이 쉽지 않았다. 반대로 종양 조직에서 분리한 TIL에는 암 항원을 인지하는 T세포의 비율이 혈액에서보다 상대적으로 높아, 암 항원에 특이적인 T세포 분리에 성공할 확률이 높았다. 그렇지만 여전히 TIL에서 암 항원에 특이적인 T세포를 분리하는 데 오랜 시간이 걸렸고, 심지어는 오래 걸려도 암 항원에 특이적인 T세포 분리에 실패하기도 했다. 문제는 말기 암 환자에게는 시간이 얼마 없다는 점이었다.

TCR-T세포 치료제

로젠버그 연구팀은 분리한 흑색종 항원에 특이성을 가지는 T세포의 TCR 유전자를 일반 T세포에 주입했다. 이미 알려진 몇 개의 흑색종 항원에 특이성을 가지는 T

세포를 꽤 많이 분리할 수 있게 되면서, 흑색종에 특이적인 TCR 정보가 많아졌기에 가능한 일이었다. 환자 혈액에서 추출한 T세포에, 흑색종에 특이적인 TCR 유전자를 주입해 흑색종을 인지하는 T세포를 바로 만들 수 있었다. TCR-T세포 치료법의 탄생이었다. 임상시험은 성공적으로 진행되었고, 로젠버그는 이 결과를 2006년 『사이언스』에 발표했다.

TCR-T세포 치료법의 성공은 놀라운 것이었다. 그러나 T세포 표면에 있는 TCR은 특정 HLA가 전시하는 항원만을 인지하므로 특정 HLA를 발현하는 환자에게만 처방할 수 있다. 사람의 HLA는 종류가 많고, 암 항원 또한 다양하므로 TCR-T세포 치료법을 적용해 치료할 수 있는 환자의 수는 적었다.

CAR-T세포 치료제

TCR은 특정 HLA가 제시하는 펩타이드 항원만 인지할 수 있다. 만약 TCR 항원 인지 부위를, HLA에 상관없이 특정 항원을 인지하는 또 다른 분자인 항체의 항원 인지 부위로 바꾼 새 수용체를 만들면 어떻게 될까?

일반적으로 이러한 형태의 여러 수용체의 다른 부위를 조합하여 만든 수용체를 키메릭 수용체(Chimeric receptor)라고 부른다. 여러 동물의 다른 신체 부위를 조합해 만든 그리스 신화 속 괴물인 키메라(Chimera)에서 유래한 용어다. TCR은 항원(Antigen)을 인지하는 수용체이므로, TCR을 대체하여 여러 수용체의 다른 부위를 조합하여 만든 수용체를 키메릭 항원 수용체(Chimeric antigen receptor, 이하 CAR)라고 한다. CAR-T세포는 특정 HLA에 의존하지 않고, 암 항원을 인지할 수 있는 CAR를 T세포에 발현시킨 것이다. 사람마다 다른 HLA에 상관없이 모든 환자에게 사용할 수 있어, 기존 T세포 치료제의 한계를 극복할 수 있는 방법이었다.

대부분의 경우가 그렇듯, CAR도 기초과학을 연구하는 과정에서 구현되었다. 1987년, 일본 구와나 박사 연구팀은 항체와 TCR을 결합한 CAR를 처음으로 개발해 *Biochemical and Biophysical Research Communications*(*BBRC*)에 발표한다. 1989년, 이스라엘 와이즈만 연구소(Weizmann Institute)의 젤리그 에쉬하르(Zelig Eshhar) 박사 연구팀도 비슷한 구조의 CAR를 만들었다. 에쉬하르 연구팀은 *PNAS*에 발표했다.

에쉬하르 연구팀은 연구를 이어갔다. TCR 복합체에서 신호전달을 담당하는 TCRζ 사슬을 CAR에 추가로 붙이면서 1세대 CAR의 구조를 정립하였고, 이를 이용해 만든 CAR-T세포가 암세포만 표적해 살해할 수 있다는 것을 보여주었다. 연구 내용은 1993년 *PNAS*에 발표되었고, 최초의 항암 치료용 CAR-T세포 치료제를 선보였다. 이후 젤리그 에쉬하르는 미국 국립보건원 로젠버그 연구팀에 합류해 CAR-T세포의 임상 적용 연구를 계속했다.

1세대 CAR-T세포는 암세포에 대한 특이성을 가진

2세대 CAR 디자인

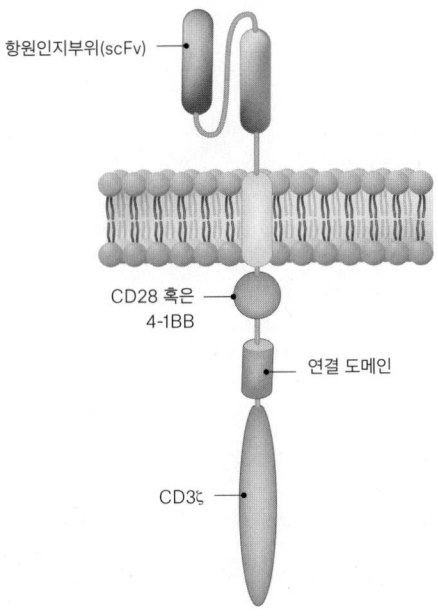

다는 점에서 성공적이었으나 항암 효능이 강하지 않았다. 이를 보완하는, TCRζ 사슬에 보조자극 신호를 추가한 2세대 CAR가 개발되었다. 마이클 새델래인(Michael Sadelain) 박사 연구팀은 CD28 신호전달 부위를, 다리오 캄파나(Dario Campana) 박사 연구팀은 4-1BB 신호전달 부위를 도입해 2세대 CAR를 만들었다.

2세대 CAR는 1세대에 비해 효능이 우수하고 부작용을 통제할 수 있어 CAR-T세포 치료제로 주로 사용되고 있다. 현재 처방되고 있는 두 종류의 CAR-T세포 치료제도 2세대 CAR다. CD28과 4-1BB 신호전달 부위를 모두 도입한 3세대 CAR도 제작되었으나, 부작용이 심해 널리 사용되지 않는다.

지금까지의 결과를 보면 CAR-T세포 치료제를 만들 때 중요한 것은 치료 표적을 고르는 일이었다. 암세포에는 발현하지만 정상 세포에는 발현하지 않는 항원을 찾는다면 이상적인 표적이 될 것이다. 이러한 항원을 종양특이항원(Tumor specific antigen, TSA)이라고 한다. 그렇지만 종양특이항원은 같은 암종에서도 환자마다 다른 경우가 많아 이에 대한 항체를 만드는 것이 쉽지 않다. 항체를 만들더라도 적용 가능한 환자의 숫자가 많지 않은 것도 문제다. 그래서 대부분은 암세포에서 발현되고 정상 세포에도 있는 종양연관항원(Tumor associated antigen, TAA)을 표적하는 CAR-T세포 치료제를 만들어 환자에게 투여했다. 단 이렇게 하면 CAR-T세포 치료제가 암세포를 공격하면서 정상 세포도 공격했다.

종양연관항원을 표적하는 항체는 임상에서 널리 사용되고 있다. B세포 유래 림프종 치료에 사용되는 CD20를 표적하는 리툭시맙, 유방암 치료에 사용되는 HER2 수용체를 표적하는 트라스투주맙 등이 대표적이다. 이러한 항체에 비해 CAR-T세포 치료제에서 정상 세포에 대한 부작용이 큰 문제가 되는 것은, 항체보다 CAR-T세포가 훨씬 더 강력한 면역반응을 유발하기 때문이다. 암세포를 잘 죽이는 만큼 정상 세포도 잘 죽인다.

그러나 환자 입장에서 암을 치료한다는 것은 상대적인 것이다. 암세포로 생명을 잃는 것과 정상 세포가 없어져 고통을 받는 것, 두 가지를 놓고 어느 쪽의 이득이 더 많은지 판단해야 한다. 어렵게 찾아낸 절충안은 암세포와 정상 세포에서 모두 발현하는 항원 가운데 정상 세포를 없앨 때 그나마 독성이 적은 것을 찾는 방법이다. 가장 성공적인 표적은 B세포 유래 혈액암세포와 정상적인 B세포가 모두 발현하는 CD19 항원이었다.

CD19는 거의 모든 B세포 계열의 세포들이 발현하는 항원이다. CD19를 표적하는 CAR-T세포는 B세포에 영향을 줄 수 있지만, 이미 사용되고 있던 리툭시맙 임상시험에서 보면 약간은 안심할 수 있었다. 리툭시맙이 B세포를 없앴지만 환자는 살았다.

2017년, CD19를 표적으로 CAR-T세포 치료제, 킴리아®(노바티스)와 예스카르타®(카이트 파마/길리어드)가 혈액암 치료제로 미국 FDA 승인을 받았다. CD19를 표적한 CAR-T세포 치료제의 결과는 놀라웠다.

킴리아®의 미국 FDA 승인에 핵심적인 역할을 한 임상2상(ELIANA)에서, 다른 치료법이 거의 듣지 않는 B세포 유래 급성 림프모구 백혈병(Acute lymphoblastic leukemia, ALL)에 걸린 소아 환자 63명 중 52명이 완치되었다. 그러나 예상대로 부작용은 나타났다. CD19 표적 CAR-T세포는 환자의 B세포 유래 혈액암세포뿐만 아니라 정상 B세포도 모두 없앴고, 기억 T세포로 분화하여 환자 몸 안에서 오랫동안 생존하며 새롭게 형성되는 B세포도 지속적으로 없앴다. B세포 무형성증(B cell aplasia)이 나타나 B세포가 모두 없어지고 더 생성되지도 않으니 병원균에 대한 항체 생산에 차질이 생겼지만, 생명을 위협할 정도는 아니었고 공여자의 혈액에서 분리한 항체를 정맥으로 주입하는 대처법도 있었다.

생명을 위협하는 부작용이 발견되기도 했다. 전신성 염증반응을 보이는 사이토카인 방출 증후군(Cytokine release syndrome, CRS)이 나타나기도 했다. CRS는 많은 수의 CAR-T세포가 환자 몸속에서 활동하면서 면역 시스템을 과도하게 활성화시키면서 발생한다. 항체 기반 치료제에서도 나타나던 부작용으로, CAR-T세포 치료제에서는 정도가 심해 환자의 생명을 위협했다. 단 자가면역질환 등의 염증성 질환에서 사용하는 항 염증 치료제로 어느 정도는 제어할 수 있었다. CD19 타깃 CAR-T세포 치료제를 처방받은 첫 번째 소아 환자인 에밀리 화이트헤드(Emily Whitehead)도 CRS로 사경을 헤맸다. 치료를 맡고 있던 칼 준은, 자가면역질환을 앓고 있는 딸이 있었고 항 염증 치료제에 해박한 지식이 있었다. 칼 준은 적절하게 CRS를 진정시켜 에밀리 화이트헤드를 살렸다.

CRS 말고도 신경독성으로 인한 두통, 혼란, 정신착란, 언어 장애, 발작 등의 부작용이 보고되었고, 심각한 경우 뇌부종으로 생명을 위협할 정도였다. 신경독성의 원인 가운데 하나로 CRS로 인한 뇌혈관 손상을 추정하지만, 아직 정확한 메커니즘을 이해하지 못해 뚜렷한 해결책은 없다.

T세포 치료제의 현재 점수와 전망

2019년 기준 T세포를 이용한 입양면역 치료법이 안고 있는 몇 가지 문제를 살펴보자. 제일 큰 문제는 부작용이다. CD19 타깃 CAR-T세포 치료제를 처음으로 임상시험에서 성공시킨 칼 준도 "T세포 치료제가 백혈병보다 더 빨리 환자를 죽일 수 있다"라고 경고했다. CAR-T세포 치료제 개발에서 기술적으로 앞서 있었던 주노 테라퓨틱스는 사이토카인 증후군 및 신경독성 등의 심각한 부작용으로 환자가 여러 명 사망하면서 임상시험을 중단해야 했다. FDA 승인을 받아 현재 치료에 사용하고 있는 킴리아®와 예스카르타®도, 절반 정도의 환자에게 부작용과 독성의 정도가 3단계(Grade 3) 이상으로 올라간다고 한다. 보통 3단계부터 환자는 일상생활에 큰 어려움을 느끼고, 4단계(Grade 4)를 넘어가면 생명이 위태로워진다.

T세포를 이용한 입양면역 치료법의 또 다른 문제는 가격이다. 급성 림프모구 백혈병 치료에 처방되는 킴

리아®는 단 한 번 주입에 약 47만 5천 달러(한화 약 5억 원)의 비용이 필요하다.(단 치료 효과가 없으면 환불해준다.) 킴리아®의 뒤를 이어 승인받은 길리어드의 CAR-T 세포 치료제인 예스카르타®는 조금 싼 약 37만 3천 달러다.(단 치료 효과가 없어도 환불은 되지 않는다.)

CAR-T세포 치료제가 비싼 이유는 특허와 기술개발비가 치료제 가격에 포함되어 있어서이기도 하지만, 그 자체로 제작비가 비싸기 때문이기도 하다. 면역거부반응 문제로 인해 환자의 T세포를 추출해 사용해야 하는데, 환자 개인별로 진행하는 공정이라 저렴해지기는 어렵다.

생산에서도 이슈는 있다. CAR-T세포 치료제가 환자에게 효능을 보이려면 투여량이 적지 않다. 적어도 환자 한 명당 약 1×10^8개의 세포가 필요한 것으로 보고 있다. 환자에게 추출한 T세포를 조작해 이 정도의 CAR-T세포를 만들려면 3~4주간 동안 수 리터 규모로 배양해야 한다. 생산을 위한 시설 문제와 생산 공정의 수율을 높이는 문제도 해결해야 한다. 품질관리도 쉽지 않다.

한편 치료제 제작비용뿐만 아니라 치료 과정 자체도 경제적인 부담이 된다. 치료제 투여에 따른 상태 변화 모니터링, 갑작스러운 부작용에 대비한 입원비, 부작용 치료비 등을 따지면 수천만 원에서 수억 원까지의 추가 비용이 필요할 수 있다.

비용과 별개로 표적 선정은 여전히 큰 문제다. CD19는 대부분의 B세포 유래 혈액암에서 높게 발현되고, 정상 B세포를 없애는 경우에도 환자의 생명에 지장이 없는 좋은 표적이었다. 그럼에도 CD19를 표적으로 한 CAR-T세포 치료제의 환자 완치율은 80% 정도였다. 80이라는 숫자가 크다고 생각할 수도 있다. 그러나 암보다 더 빨리 생명을 앗아갈 수 있을 정도의 부작용을 감수하는 위험과 5억 원이 넘는 치료비라면 20%라는 숫자도 선명하게 눈에 들어온다.

실패한 20%의 상당수는 암세포가 표면에 CD19를 더이상 발현하지 않았기 때문이다. 암세포는 표적을 버리는 방식으로 항암제에 대한 내성을 확보하는 생존 전략을 쓰는 것이다. 이럴 때는 CD22를 표적할 수 있다. CD22도 대부분의 B세포에서 발현하지만 CD19만큼은 아니다.

B세포 유래 혈액암 다음으로 CAR-T세포 치료제를 적용할 수 있는 암에는 다발성 골수종(Multiple myeloma, MM)이 있다. 다발성 골수종은 B세포가 분화되어 형성하는 형질세포(Plasma cell)에 이상이 생겨 발생하는 암이다. B세포 성숙화 항원(B cell maturation antigen, 이하 BCMA)을 표적하는 CAR-T세포 치료제로 치료할 가능성이 있다.

그러나 이밖에 다른 표적은 아직 이렇다 할 것이 없다. 급성 골수성 백혈병(Acute myeloid leukemia, AML)에서 대부분의 암세포가 발현하는 CD33을 표적하는 CAR-T세포 치료제가 고안되었으나, CD33은 대부분의 정상 골수 유래 세포들도 발현한다. 이는 심각한 온 타깃 오프 튜머(on-target off-tumor, 타깃을 발현하는 정상 세포를 죽이는 데서 생기는 부작용) 효과로 환자의 생명을 위협해 치료제로 현실화될 수 없었다. 비슷한 이유로 개발에 실패한 CAR-T세포 치료제는 더 있다. 여러 암종에서 과발현하는 ERBB2/HER2 표적 CAR-T세포 치료제는 폐 상피세포에서 발현되는 ERBB2/HER2를 공격해 심각한 호흡기 질환을 유발했다. 신장암 치료에 사용된 CAIX 표적 CAR-T세포 치료제는 간독성 문제가 있었다. CAR-T세포가 암세포를 잘 죽일수록 정상 세포도 잘 죽였고, 효능이 강할수록 부작용도 강했다.

마지막 문제는 고형암이다. 혈액암은 암세포가 혈액에 노출되어 있다. 즉 T세포가 혈관을 따라 이동하다가 암세포를 만나 없앨 수 있다. 그런데 고형암은 다르다. 고형암은 우선 암 조직에 면역을 억제하는 종양미세환경(Tumor microenvironment, TME)을 준비해 놓는다. 마치 방벽처럼 작용하는 종양미세환경은, 특히 면역 시스템을 바탕으로 하는 치료제를 무력하게 만든다. CAR-T세포 치료제 역시 종양미세환경을 뚫어야 한다. 한편 혈액암에는 CD19나 BCMA처럼 암 전체를 통틀어 공통적으로 발현되는 항원이 있지만, 고형암에서는 한 조직 안에서도 부위마다 발현하는 항원이 저마다 다르다. 그중 하나만 표적해 암을 치료한다는 것이 쉽지 않다.

한편 이런 문제 가운데 어떤 것은 합성 생물학(Synthetic biology)의 방법으로 해결할 수 있을 것으로 내다본다. 합성 생물학은 지금까지 알려진 분자 단위 생명과학 정보를 바탕으로 생물의 구성 요소를 바꾸거나 모방해 새로운 것을 만들어내는 학문이다. 합성 생물학을 이용하면 CAR-T세포가 심각한 부작용을 보일 때 없앨 수 있는 '자살 스위치'를 달아 놓거나, CAR-T세포의 특정 기능을 원하는 조건에서만 발현하도록 조절하는 제어 기술을 적용할 수 있다. 모두 합성 생물학적 상상력으로 가능한 일이다. 효과는 높이고 부작용을 줄이는 정교한 통제 장치를 달 수 있다면, CAR-T세포 치료제가 구할 수 있는 생명은 더 늘어날 것이다.

물론 몸속에서 나타나는 치료제의 효능과 지속성을 100% 장담할 수는 없다. 치료제의 효과를 높이려 도입하는 새 유전자가 환자의 몸속에서 또 다른 면역반응을 불러올 수 있는 가능성은 얼마든지 있다. 새 유전자가 환자의 몸속에서 면역반응을 나타내면, 환자 몸속 다른 면역세포가 치료제로 주입된 T세포를 없앨 것이다. 유전자를 새로 도입한 치료제가 실험실에서는 강력할 수 있지만, 환자의 몸속에서 부작용 없이 그 힘을 유지할 수 있을지도 지켜봐야 한다.

한편 동종(Allogenic) T세포를 이용하는 방법도 관심을 끈다. 전에는 환자에게서 직접 T세포를 얻어 몸 밖에서 일정 기간 배양해야 했다. 대략 3~4주 정도 걸리는데, 환자가 아니라면 한 달 정도 기다리는 것은 문제가 아니겠지만 암 환자라면 다를 수 있다. 배양하는 동안 환자에게 무슨 일이 벌어질지 모른다. 이 문제를 해결하기 위해 동종 T세포를 이용하는 아이디어가 나왔다. 건강한 사람의 T세포로 기성품 치료제를 만드는 것이다. 공여자로부터 T세포를 받아 환자가 나타나면 바로 처방할 수 있는 치료제를 미리 만들어두는 컨셉이다.

환자의 T세포는 계속된 항암 치료와 암의 면역억제로 기능이 손상되었을 수 있지만, 공여자의 T세포는 그렇지 않다. 나아가 여러 공여자의 T세포 가운데 가장 좋은 것을 고를 수도 있다. 그러나 면역거부반응 문제는 아직 완전히 통제할 수 없다. GvHD를 방지하려면 면역거부반응의 원인이 되는 공여자의 TCR을 없애는 등의 유전자 조작이 추가로 필요하다. 이를 위해 크리스퍼 카스(CRISPR/Cas) 같은 유전자 가위 기술도 도입하고 있다. 환자의 면역세포가 공여자의 T세포를 없앨 수 있는 가능성도 무시할 수 없다. 이렇게 되면 치료 효능이 크게 떨어질 것이다.

환자에게 투여하는 T세포 수를 줄이려는 시도도 계속되고 있다. 배양 시간을 줄일 수 있고, 그만큼 환자가 기다려야 하는 기간을 줄일 수 있으며, 제조 단가도 낮출 수 있다. 개발 초기에는 T세포의 암세포 살해 능력이 중요했다. 그런데 임상시험을 진행하다 보니 T세포가 환자 몸속에서 많이 늘어나, 오래 남아 계속 암세포를 죽이는 것이 더 중요하다는 것을 알게 되었다. T세포를 조금 환자에게 투여해도 그 T세포가 환자 몸속에서 빠르게 늘어난다면, 많은 수의 T세포를 환자 몸 밖에서 배양해 투여할 필요가 없는 것이다. 치료 효능에서 중요한 것은 T세포의 체내 지속성(Persistency)이고, T세포가 다른 독성 림프구에 비해 우수한 치료 효능을 보인 것은 기억 T세포로 분화하여 환자 몸속에서 오랫동안 남아 있으며 암세포를 없애 암의 재발을 막아주었기 때문이다.

체내 지속성이 좋은 T세포를 어떻게 만들 수 있을까? 힌트는 칼 준을 포함한 펜실베이니아 대학 연구팀이 2018년 『네이처』에 발표한 논문에서 찾을 수 있다. CD19 CAR-T세포 치료제 개발에서 한 발 앞서 나가고 있던 칼 준은 다양한 임상 사례를 분석해, 임상시험의 성공과 실패의 원인을 찾는 연구를 하고 있었다. 그런데 어떤 환자에게서 *TET2*라는 유전자가 삭제되는 일이 생겼다. 바이러스를 이용한 *CAR* 유전자 전달 과정에서 일어난 일인데, 바이러스를 이용한 유전자 전달은 유전자의 삽입 위치를 제어할 수 없어서 이런 일이 가끔 생긴다. 그런데 우연히 *TET2*가 삭제된 CAR-T세포는 환자 몸속에서 계속 증식하면서 오랫동안 살아남는 등 뛰어난 치료 효능을 보인다는 것을 알게 되었다.

*TET2*는 후성유전학(Epigenetics)적으로 중요한 역할을 담당하는 효소에 관련된 유전자다. *TET2*가 삭제된 CAR-T세포는 그렇지 않은 CAR-T세포와 후성유전학적으로 달라진다. 후성유전학적 변화는 유전자는 같은데 유전자 일부가 화학적으로 변화되어, 발현하는 유전자의 양상이 달라지는 현상이다. 이는 세포 분화에서 중요한 역할을 한다. 따라서 후성유전학적인 분화 제어가 CAR-T세포의 몸속 성능을 결정하는 주요 요인이었던 것이다.

이런 연구를 바탕으로 T세포의 분화를 후성유전학적으로 제어하기 위해 체외 배양할 때 후성유전학적 제어를 담당하는 효소의 기능을 직접적으로 억제하거나, 세포의 대사를 조절해 간접적으로 제어하는 방법 등이 시도되고 있다. 다만 사용하는 세포가 암 환자의 TIL이나 말초혈액 내의 T세포이고, 많은 경우 후성유전학적 분화가 많이 진행된 상태라서 원래 상태로 회복이 어려운 사례가 많다. 유도만능줄기세포(Induced pluripotent stem cell, iPSC)를 이용하여 처음부터 분화의 상태를 조절하는 방법도 연구되고 있지만, 아직 기술적으로 넘어야 할 벽은 높다.

T세포 치료제가 항암 치료에 기대감을 갖게 한 것은, 기억 T세포로 분화하여 환자 몸속에서 오랫동안 머물며 계속 분열해 항암 기능을 수행할 수 있기 때문이다. 이러한 기억 형성이 가능한 이유는 '항원 특이성' 때문이다.

단 항원 특이성은 치명적인 약점이기도 하다. 암세포가 표적 항원을 더이상 발현하지 않으면 T세포는 쓸모없어진다. CD19을 표적하는 CAR-T세포의 힘을 강력하지만, 혈액암세포가 CD19를 더이상 발현하지 않으면 CD19 표적 CAR-T세포의 공격을 피할 수 있다. 암 항원의 발현이 더 다양한 고형암에서는 어떤 항원을 표적으로 하든 꽤 많은 수의 암세포가 표적 항원을 발현하지 않을 수 있다. 연구자들은 이를 해결하기 위해 여러 가지 항원을 표적할 수 있는 CAR-T세포 기술을 개발하고 있다. 얼마나 많은 항원을 표적하면 충분할까?

나는 답이 안 보이는 문제를 만나면 '기본 원리를

다시 한 번 따지는 것'으로 문제를 풀 계기를 찾기도 한다. 면역항암 치료의 이론적 배경이 되는 암-면역 사이클을 다시 한 번 떠올려보자. CAR-T세포가 암세포를 죽이는 것은 면역반응의 끝이 아니다. 죽은 암세포를 수지상세포가 잡아먹으며 암세포의 항원을 제시해 몸속에 있는 T세포의 면역반응을 유도할 수 있다. 사람은 2.5×10^7종류 이상의 TCR을 가지고 있으니, 이 과정을 거쳐 원래 CAR-T세포가 표적했던 암세포의 항원 말고 다른 항원에 대한 T세포의 반응을 이끌 수 있다. 엄밀하게 검증된 이론은 아니지만 충분히 상상해볼 수 있다. TCR의 다양성은 변화무쌍한 암에 대응할 수 있는 면역 시스템의 최종 병기가 될 수 있다.

NK세포 치료제

CAR-T세포가 주목을 받자, NK세포 치료제도 관심의 대상이 되었다. NK세포 치료제는 T세포 치료제에 비해 효능은 떨어진다. 그러나 NK세포가 암세포를 인지하는 메커니즘은 T세포의 그것과 서로 보완할 수 있는 부분이 있다. T세포 치료제를 적용하기 어려운 상황에서 NK세포 치료제로 효과를 볼 수도 있는 것이다.

NK세포는 Natural Killer 세포의 머릿글자를 딴 줄임말이다. 암세포와 NK세포를 섞어 놓았더니 다른 활성화 과정 없이도 암세포를 잘 죽이는 것을 보고 붙인 이름이다. 대부분의 과학적인 발견은 초기에 관찰한 현상을 바탕으로 이름을 짓는다. 나중에 연구가 더 진행되면서 새로운 내용들이 더해지면, 원래 붙여진 이름이 적당하지 않게되는 경우가 있다. NK세포의 이름도 NK세포의 다양한 기능을 대표한다고 하기는 어렵지만(그래서 자연살해세포라는 번역명보다는 NK세포라는 이름을 사용할 것이다), 어쨌든 암세포를 잘 죽이는 중요한 특성을 반영하는 이름인 것임에는 틀림이 없다.

NK세포가 암세포를 인지하는 메커니즘은 T세포에 비해 복잡한데, 우리는 아직 이 메커니즘을 다 알지 못한다. T세포가 TCR로 암세포 펩타이드 항원이 MHC

에 제시된 것을 인지한다면, NK세포는 여러 개의 수용체를 이용하여 암세포가 발현하는 여러 개의 리간드 신호를 통합해 암세포를 인지한다. T세포가 고해상도 사진 정보를 가지고 범인을 정확히 골라낸다면, NK세포는 수상한 행동 패턴을 바탕으로 문제가 있을 것으로 추정되는 자를 식별한다.

T세포의 공격을 피하려면 TCR이 인지하는 항원을 발현하지 않으면 된다. 더 근본적으로 MHC 분자의 발현을 억제할 수도 있다. 이는 실제 바이러스에 감염된 세포나 암세포에서 발생하는 일이다. 이럴 때 NK세포는 KIR(Killer-cell immunoglubulin-like receptor)이라는 수용체를 이용한다. 특정 세포가 발현하는 MHC 분자의 존재 여부를 확인하는 수용체를 발현하는 것인데, 이 수용체가 억제 수용체(Inhibitory receptor)다. MHC 분자를 발현하는 세포를 만나면 '정상 세포'로 여기고 죽이지 말라는 신호를 보낸다. 반대로 T세포의 공격을 피하려고 MHC 분자를 발현하지 않는 세포를 발견하면, 이 세포를 '비정상 세포'로 여기고 공격한다.

NK세포 표면에는 KIR와 같은 억제 수용체 말고 활성화 수용체(Activating receptor)도 있다. 암세포나 바이러스에 감염된 세포는 증식 속도가 빨리지거나 바이러스에 의한 교란 등 비정상적 상황에 놓인다. 이는 세포에 스트레스를 주며, 세포는 여러 종류의 스트레스 유발 리간드(Stress-inducible ligand)를 발현하게 된다. NK세포는 활성화 수용체를 이용하여 이러한 스트레스 유발 리간드를 인지한다. 세포들 스스로 비정상 세포가 되었음을 NK세포에 알려주는 것이다. MIC-A(MHC class I polypeptide-related sequence A), MIC-B(MHC class I polypeptide-related sequence B) 등이 대표적인 스트레스 유발 리간드이며, 이들을 인지하는 NK세포의 활성화 수용체가 NKG2D(Natural-killer group 2, member D)이다.

　NK세포는 앞에서 예로 든 KIR와 NKG2D 이외에도 NKp30, NKp44, NKp46과 같은 활성화 수용체와 CD94/NKG2A, TIGIT, NKRP1A 등의 억제 수용체를 여럿 가지고 있다. 활성화 수용체와 억제 수용체로부터

NK세포의 세포 살해 결정 메커니즘

관용
(Tolerance)

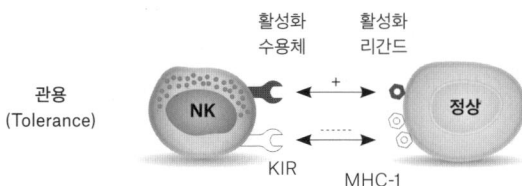

살해
(Kill)

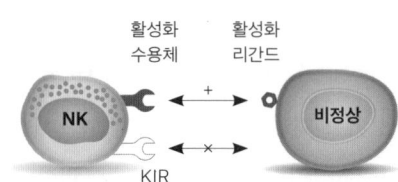

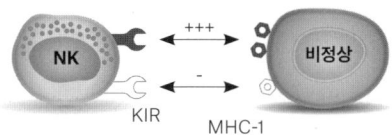

받은 신호를 통합해, 대상 세포가 정상 세포인지 아닌지 구분한다. 정상 세포가 아니라고 판단되면 죽인다. 이는 어느 정도는 모호한 판단이지만, 모호함은 정체가 분명하지 않은 적을 없애는 데 도리어 유용하게 작용한다.

선천면역계에 속하는 NK세포는 최전방에서 암세포, 바이러스에 감염된 세포를 찾아 없앤다. 달리 말하면, 암이 발생하였다는 것은 이미 암세포가 NK세포를 회피하고 억제하는 전략을 쓰고 있다는 뜻이다. 실제로 많은 고형암에서는 세포 표면에 발현하는 MIC-A, MIC-B 등 스트레스 유발 리간드를 외부로 방출해 NK세포의 인지와 공격을 피한다. 많은 경우 암 환자는 몸속 NK세포 활성이 떨어져 있다. 여기에 아이디어를 얻어 NK세포 활성화를 분석해 암을 진단하는 연구가 진행되고 있으며, NK세포 활성화 검사가 건강검진에서 이루어지기도 한다.

T세포와 비교해 NK세포의 장점은 공여자에게 제공받은 NK세포를 환자에게 투여했을 때 면역거부반응이 거의 없다는 것이다. 심지어 NK세포 억제 수용체인

KIR은 조직형이 맞지 않는 HLA 분자를 가진 세포를 만났을 때 HLA를 인지하지 못해 억제 신호를 보내지 않는다. 이러한 KIR-HLA 불일치 상황은 조직형이 맞지 않는 상황에서 NK세포의 항암 효능이 도리어 늘어나는 효과를 가져다주기도 한다. 공여자로부터 제공받을 수 있는 NK세포 치료제는, 미리 만들어서 얼려 두었다가 필요한 환자가 생기면 녹여서 바로 사용할 수 있는 기성품으로 가치가 클 것이다. 현재 NK세포에 CAR를 도입하여 항원 특이성을 부여하거나, 그 외의 다양한 유전자 조작으로 기능을 강화한 기성품 치료제 제작을 연구하고 있다.

연구자들이 T세포 치료제에 주목하는 이유는 암을 없애는 강력한 힘 때문이다. 다만 조절이라는 관점에서 보면 강력한 힘이 늘 반갑기만 한 것은 아니다. 조절에 실패한 강력한 힘의 T세포가 환자를 공격할 수도 있다. 생명을 잃을 수도 있는 부작용을 걱정해야 한다. 그런데 NK세포는 T세포만큼 힘이 강하지 않아 부작용 정도도 덜하다. NK세포 치료제는 환자 몸에서 1~2주면 분해되고 사라진다. 기본적으로 수개월, 길게는 몇 년 이상 살아남는 T세포 치료제보다 부작용 통제와 조절에 유리하다.

장점과 단점은 시소와도 같다. 환자 몸속에서 생존기간이 짧다는 점은, NK세포의 낮은 치료 효능과 바로 이어지는 단점이다. 최근에 NK세포 가운데 체내 생존기간이 상대적으로 길고 암세포를 없애는 효능이 좀 더 강한 아형(subset)이 발견되었다. 기억 유사 NK세포(Memory-like NK cell) 혹은 적응 NK세포(Adaptive NK cell)라 부르는데, 이를 이용한 임상시험이 진행되고 있다.

NK세포는 대부분 말초혈액에서 분리하여 몸 밖에서 증폭해 치료에 사용한다. NK세포의 체내 지속성이 짧은 원인 가운데 하나로, 말초혈액 안의 NK세포 자체가 후성유전학적으로 분화가 상당히 진행된 상태이기 때문이라는 주장도 있다. 이런 주장을 바탕으로 NK세포 치료제의 한계를 극복하려면 유도만능줄기세포를 이용할 수 있다. 2018년, 댄 카우프만(Dan Kaufman) 박사 연구팀은 유도만능줄기세포에서 분화시켜 만든 NK 세포에 CAR를 도입해, 체내 지속성과 항암 효능이 우수한 CAR-NK를 만들 수 있는 기술을 개발했다. (*Cell Stem Cell*, 2018)

γδ T세포 치료제

보통 T세포라고 하면, α, β 사슬로 이루어진 TCR을 이용해 항원을 인지하는 αβ T세포를 말한다. 그런데 드물게 γ, δ 사슬로 이루어진 TCR을 발현하는 T세포가 있다. 이를 γδ T세포라고 부른다.

γδ T세포는 주로 피부나 장의 상피층에 분포하며, 말초혈액에도 있다. γδ T세포는 혈액 안에 있는 T세포 가운데 5% 정도로 그 양이 적다. γδ T세포는 T세포가 활성화되어 조직으로 이동하기 전 초기 감염에 대응한다. γδ T세포는 선천면역계의 수지상세포나 대식세포처럼 항원을 포식하여 제시할 수 있고, 적응면역계의 T

세포처럼 TCR을 발현해 TCR 특이적인 면역반응을 일으키기도 한다. 선천면역계와 적응면역계의 특징을 모두 가지고 있는 것이다. γδ T세포가 다양한 기능을 가지는 것은, γδ T세포가 면역세포 가운데 가장 먼저 발달해 배아에서 영아 단계의 면역 시스템에 중요한 역할을 수행하기 때문으로 추정하고 있다. 영아기를 지나 수지상세포와 T세포를 중심으로 한 면역 시스템이 구축된 이후에는 γδ T세포의 역할이 자연스럽게 줄어든다는 것이다.

사람의 γδ T세포는 γδ TCR의 δ사슬에 따라 δ1, δ2, δ3 등으로 종류가 나뉜다. 이 가운데 δ2사슬을 가지고 있는 Vγ9Vδ2 T세포는 말초혈액 안 γδ T세포의 50% 이상을 차지하는데, 분리와 배양이 쉬워 연구가 많이 되어 있다. Vγ9Vδ2 TCR은 병원균이나 암세포에서 많이 발현되는 인산화된 대사물질인 인산화항원(Phosphoantiegn, pAg)을 인지한다. δ1 T세포는 주로 상피조직에 있다. 일부 δ1 TCR은 지질 항원을 인지하기도 하지만, δ1 TCR이 인지하는 항원은 아직 제대로 밝혀지지 않았다.

단 확실한 것은 αβ TCR이 조직형을 결정하는 MHC에 제한을 받지만, γδ TCR은 MHC와 무관하게 항원을 인지한다는 것이다. 즉 NK세포와 마찬가지로 공여자의 γδ T세포가 기성품으로 항암 치료에 사용될 수 있을 것이다. γδ T세포는 NK세포가 발현하는 NKG2D 등의 활성화 수용체를 발현하기도 해, αβ T세포와 NK세포의 중간적인 특징을 가진다. γδ T세포는 NK세포처럼 체내 지속성이 1~2주 정도라서 부작용이 적지만 항암 효능은 썩 좋지 않다.

γδ T세포 면역항암제 개발에는 주로 Vγ9Vδ2 T세포를 써왔다. 전략은 크게 두 가지로 나누어볼 수 있다. 첫째, 환자의 암세포 안에 있는 인산화항원을 늘리는 방법이다. IPP(Isopentynyl pyrophosphate) 같은 인산화항원은 세포 속 대사과정 가운데 하나인 메발로네이트(Mevalonate) 경로의 중간체로 생성된다. 정상 세포는 IPP를 바로 사용해 세포 안 IPP 농도가 낮다. 반대로 암세포는 대사작용이 정상 세포와 많이 달라져 있기 때

문에 IPP가 세포 안에서 쌓인다. Vγ9Vδ2 T세포는 이런 비정상적 대사활동의 산물인 세포 안 IPP 농도 증가를 비정상 세포의 증상으로 인지한다. 졸레드로네이트(Zoledronate), 파미드로네이트(Pamidronate), 리세드로네이트(Risedronate)와 같은 약물은 메발로네이트 대사경로의 IPP 소모를 차단해주는 효과를 가지는데, 암세포 안의 인산화항원의 농도를 높여주어 환자 몸속 Vγ9Vδ2 T세포의 항암 효능을 높일 수 있다.

둘째, 환자의 몸 밖에서 Vγ9Vδ2 T세포를 대량으로 배양해 환자에게 주입하는 입양면역세포 치료법이다. Vγ9Vδ2 T세포는 혈액 안에 적은 양이 있을 뿐이지만, 졸레드로네이트와 IL-2를 처리해주면 손쉽게 대량으로 배양할 수 있다. 다만 해결해야 할 과제는 이 두 가지 방법 모두 항암 효능이 그다지 높지 않다는 점이다.

γδ T세포의 항암 효능을 높이려는 연구는 여러 방향으로 진행되고 있다. 우선 NK세포와 비슷하게, CAR를 도입해 기능을 강화한 γδ T세포를 기성품으로 개발하려는 노력이 있다. 다음으로 네덜란드의 유르겐 쿠발

각 면역세포 기반 치료제 개발 시 점검 사항

	T세포	γδ T세포	NK세포
암 인식 메커니즘	TCR: MHC에 의해 제시된 펩타이드 항원	γ9δ2 TCR: 인산화 항원(대사 변화) NK세포 수용체: 스트레스 유발 리간드	KIR: MHC의 부재(missing MHC) NK세포 수용체(NKG2D, DNAM, NCRs): 스트레스 유발 리간드
효능	+++	+	+
독성/부작용	+++	+	+
체내 지속성	+++	+	+
공여자 세포 기반 기성품 사용	GvHD 면역거부로 인한 체내 지속성 상실	OK	KIR-HLA 불일치로 효능 증진 가능

(Jürgen Kuball) 박사 연구팀은 Vγ9Vδ2 TCR 가운데 항암 효능이 우수한 γδ TCR을 찾아내서 αβ T세포에 주입하고, γδ TCR의 인산화항원 인지 기능을 αβ T세포에 도입하는 방법을 찾았다. 이 기술로 2016년 가데타(Gadeta)라는 바이오벤처를 설립하였다. 2018년에 가데타는 전 세계적인 규모의 제약기업 길리어드 사이언스와 전략적 제휴를 맺었다. 둘은 고형암 치료용 면역세포 치료제 개발을 함께 하기로 했다. γδ TCR의 폭넓은 항원 인지 능력과 αβ T세포의 강력함을 결합한 가데타의 전략이 지금까지의 CAR-T세포 치료제의 빈틈을 보완해줄 수 있을 것이라고 길리어드는 판단한 것으로 보인다.

γδ T세포 치료제는 γδ T세포가 대부분 피부나 장의 상피조직에 분포해 분리와 배양이 어려웠다. 따라서 Vγ9Vδ2 T세포에 비해 개발에도 어려움이 있었다. 포르투갈의 브루노 실바 산토스(Bruno Silva-Santos) 박사 연구팀은 δ1 T세포 대량 배양기술을 개발해, 림팩트(Lymphocyte Activation Technologies, Lymphact)라는

바이오벤처를 설립했다. 2018년 6월, 림팩트는 영국의 바이오테크 감마델타 테라퓨틱스(GammaDelta Therapeutics)에 인수됐다.

γδ T세포가 알려진 것은 꽤 오래되었다. 다만 성인 면역 시스템에서 큰 역할을 하지 않았던 터라 연구자들 사이에서 큰 관심을 받지 못했던 비주류 세포였다. 그런데 CAR-T세포 치료제 개발의 성공과 함께 면역항암 세포 치료제의 한 축으로 큰 관심을 받기 시작했다. 2018년 5월 필자가 참석했던 γδ T세포 학회에는 기술과 물질이 대학 연구실에서 기업 연구실로, 기업 연구실에서 임상시험 병원으로 옮겨가는 활발한 분위기를 볼 수 있었다. 일부 참가자는 학회에서 발표할 내용을 미리 변리사에게 점검을 받는 등, 활발한 정보 공유의 분위기가 전과 달라진 점은 아쉽기도 했다. 다만 이런 분위기가 이제 곧 γδ T세포 치료제의 등장으로 이어지기 전 단계의 분위기라면, 아쉬움은 기대감으로 변할 수 있을 것이다.

V

면역관문억제제 1
눈에 보이는 성과

방향과 균형

면역 시스템에서 중요한 것은 방향과 균형이다. 암이라는 강력한 상대와 맞설 수 있는 것이 면역이라는 점을 알게 되면, '면역의 힘은 얼마나 강력할까?'로 생각이 이어지는 것이 보통이다. 면역의 힘이 암을 압도할 수 있을 만큼 강력하다는 것은 중요하지만, 더 중요한 것은 그 힘이 방향을 잃고 균형이 흔들렸을 때 우리 몸의 엉뚱한 곳을 그만큼 강력하게 공격할 수 있다는 점이다.

면역이 억제되면 감염에 노출되었을 때 질병에 쉽게 걸리고 암에도 취약해진다. 그런데 면역이 과도하게 활성화되는 것도 문제다. 몸속 면역세포가 우리 몸을 공격하는 자가면역질환이나 알레르기, 천식 같은 면역 과민증이 나타날 수 있기 때문이다. 방향과 균형을 놓쳐, 면역이 과도하게 활성화되었을 때 브레이크를 걸어주는 것이 면역관문(Immune checkpoint)이다.

그런데 영리한(?) 암은 면역관문을 자신을 위해 활용한다. 면역 시스템에 브레이크를 걸어 면역 시스템의

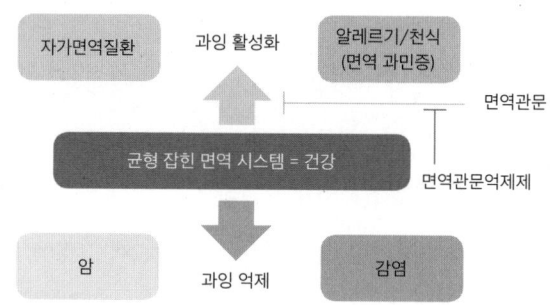

면역 관련 질환과 면역관문

공격을 피하는 것이다. 면역관문억제제(Immune checkpoint blockade)는 면역 시스템이 브레이크를 밟지 못하게 막아, 면역항암반응을 강화하는 개념의 항암제다. 암-면역 사이클 가운데 면역관문억제제가 작용하는 곳은 두 곳이다. 림프절에서 T세포를 활성화시키는 과정과(3번), 암세포가 자신을 공격하지 말라는 신호를 보내 면역세포가 암세포를 죽이지 못하는 과정(7번)이다.

CD28과 CTLA-4:
T세포의 가속페달과 브레이크

T세포가 자동차라면, MHC가 제시하는 항원에 의한 TCR 신호는 시동을 거는 열쇠, IL-2는 연료라고 할 수 있다. 자동차를 움직이려면 시동을 걸고 연료를 주입하는 것은 필요하지만, 이것만으로는 충분하지 않다. 가속페달과 브레이크가 있어서 속도를 제어할 수 있어야 '운전'할 수 있다. 가속페달과 브레이크에 해당하는 것이 T

세포에는 보조자극 수용체(Costimulatory receptor)다.

암에 대한 T세포의 면역반응은 암 조직에서 항원 정보를 가지고 림프절로 이동한 수지상세포가 나이브 T세포를 활성화시키면서 시작된다. 나이브 T세포가 활성화되는 조건은 까다롭다. 우선 TCR에 맞는 펩타이드 항원이 MHC에 의해 제시되어야 하는데 그것만으로는 충분하지 않다. 아직 자신의 TCR에 맞는 항원을 접하지 않은 나이브 T세포는 불특정다수의 정상 세포를 공격할 가능성이 있다. 양의 보조자극 신호를 추가로 검증해야 활성화된다. 나이브 T세포의 활성화는, 시동을 걸면서 가속페달도 함께 밟아 움직이는 것이라고 할 수 있다. 양의 보조자극 신호는 수지상세포가 활성화되면서 발현하는 CD80이나 CD86이 전달한다. 검증된 수지상세포만이 나이브 T세포를 활성화시킬 수 있다.

수지상세포는 어떻게 활성화될까? 수지상세포는 패턴 인식 수용체(Pattern recognition receptor)를 발현해 병원균이 침입했는지, 조직이 심각한 손상을 입었는지 등을 인식한다. 수지상세포는 병원균에서 유래한 분자 패턴(Pathogen-associated molecular patterns, PAMP)이나 위험 관련 분자 패턴(Danger-associated molecular patterns, DAMP)을 인지하면 활성화된다. 그리고 CD86, CD80 등의 활성화 분자를 발현하면서 림프절로 이동한다.

나이브 T세포에 양의 보조자극 수용체로 CD28이 있다면, 음의 보조자극 수용체로 CTLA-4가 있다. CD28은 나이브 T세포에 늘 발현되어 있다. 그래서 수지상세포가 활성화되었을 때 발현하는 CD80이나 CD86과 상호작용한다. 이 과정에 TCR 신호가 증폭되고, 이는 다시 나이브 T세포 활성을 유도한다. 이때 나이브 T세포의 활성을 억제하는 작용도 함께 일어난다.

CTLA-4는 CD28과 달리 나이브 T세포가 항상 발현하지 않고, TCR 신호에 의해서만 발현된다. 구조는 CD28과 비슷하며, CD80이나 CD86과 같은 동일한 리간드와 상호작용해 반응을 보인다. CTLA-4는 CD80이나 CD86에 결합하는 힘이 CD28보다 강력해, CD28의 신호전달을 약하게 만드는 일도 한다. 또한 CTLA-4 자체적으로 T세포 활성을 저해하는 신호도 전달하는 것으로 알려져 있다. CTLA-4는 처음으로 발견된 면역관문이며, CTLA-4를 차단하는 항 CTLA-4 항체는 최초의 면역관문억제제로 개발된다.

합리적 판단과 발상의 전환

요즈음은 면역항암제라고 하면 면역관문억제제를 떠올리기 쉽지만, 면역관문억제제가 처음부터 신약으로 시작된 것은 아니었다. CTLA-4를 차단하는 항체는 CTLA-4의 기능을 알아보려고 항체를 만드는 프로젝트에서 시작했다.(1990년대 초반까지는 어떤 분자의 기능을 알아보려면 그 분자를 차단하는 항체를 만들었다. 항체를 처리하면 기능이 멈출 것이기 때문이다.) 먼저 CD28이 양의 보조자극 수용체라는 것이 밝혀졌다. CTLA-4는 CD28과 구조가 비슷하고, 상호작용하는 리간드가 같아 CD28처럼 양의 보조자극 수용체라고 생각했다.

1994년, 미국 시카고 대학 제프리 블루스톤(Jeffrey Bluestone) 박사 연구팀은 처음으로 CTLA-4 항체를 만들어 CTLA-4의 기능을 알아냈다. 그때까지 알려졌던 것과는 반대로 CTLA-4는 음의 보조자극 수용체였다. 연구팀은 연구 결과를 『이뮤니티』에 'CTLA-4 can function as a negative regulator of T cell activation'이라는 제목으로 발표했다. 1995년, 미국 UC버클리의 제임스 앨리슨(James Allison) 박사 연구팀도 같은 주장을 'CD28 and CTLA-4 have opposing effects on the response of T cells to stimulation'이라는 제목의 논문으로 『저널 오브 익스페리멘털 메디신(*The Journal of Experimental Medicine*)』에 실었다. 평판이 좋았던 두 석학이 나란히 CTLA-4가 음의 보조자극 수용체라는 주장을 내놓자 관점이 바뀌기 시작했다.

그런데 블루스톤과 앨리슨의 시각은 완전히 똑같지 않았다. 시간을 거슬러 1990년대에 살고 있다고 가정하면, 블루스톤의 판단이 좀더 합리적으로 보였을 것이다. 블루스톤은 CTLA-4의 기능을 활용해 자가면역질환 치료법을 고민했다. 그런데 앨리슨은 당시로서는 생각하기 힘든 지점을 잡았다. 그동안 몰랐던 CTLA-4의 기능을 알아보기 위해 CTLA-4 항체를 만들어 보았더니 CTLA-4가 면역 기능을 저하시킨다는 사실을 알게 된 앨리슨은, CTLA-4 항체를 이용해 면역을 활성화시켜 암을 치료할 수 있지 않을까 생각했던 것이다. 앨리슨은 대략 20년이 지난 2018년, 면역관문억제제의 개념을 제시하고 입증까지 한 공로를 인정받아 노벨 생리의학상을 받는다.

여보이®

앨리슨의 아이디어를 적용해보는 데 어려울 것은 없었다. 이미 만든 항 CTLA-4 항체를 암에 걸린 쥐에 주입했다. 암은 치료되었고, 한 번 암 치료를 받은 쥐에서 암이 재발하지 않고 억제됨을 관찰했다. 항 CTLA-4 항체가 암에 대한 면역반응을 유발해 암을 치료했을 뿐 아니라

면역기억까지 만든 것이었다. 결과는 1996년 『사이언스』에 발표되었고, 앨리슨은 모두가 이 연구 결과에 주목할 것이라 생각했다.

그러나 대부분의 대형 제약기업은 관심을 보이지 않았다. 심지어 연구 결과를 믿지 않는 분위기까지 있었다. 앨리슨의 연구는 주목받지 못했고, 쥐 실험으로 얻은 특이한 연구 데이터 정도로 여겨졌다. 물론 신약개발을 위한 임상시험에 들어가는 것도 어려웠다. 쥐에서 했던 실험을 사람에게 해보려면, 쥐의 항체를 사람의 항체로 바꾸는 과정이 필요했다. 우여곡절 끝에 메다렉스(Medarex)라는 인간 항체 제조 전문 회사에서 인간의 항 CTLA-4 임상용 항체를 만들 수 있었다. 2003년 임상1상 결과를 *PNAS*에 발표했는데, 이때부터 임상의들에게 관심을 끌 수 있었다. 덕분에 임상시험 규모도 커질 수 있었다.

임상시험 규모가 커지면서, 임상의들은 혼란스러웠다. 기존 항암제와 면역항암제의 효능이 나타나는 시점이 달랐던 것이다. 암세포를 직접 죽이는 기존 항암제로 환자를 치료할 때에는 몇 주 정도의 투약 기간이 지나면 약을 계속 사용할 것인지 결정할 수 있었다. 투여한 약물에 반응해 암세포가 사라졌거나, 아니면 종양 크기가 줄어든 정도를 보고 약의 효능을 가늠할 수 있었다.

그런데 면역항암제는 암 조직을 직접 없애는 치료제가 아니었다. 환자가 원래 가지고 있던 면역 기능을 키워 암세포를 없앨 수 있도록 돕는 것이다. 그러니 기존 항암제로는 설명하기 힘든 일들이 발견되었다. 예를 들어 항 CTLA-4 항체를 투여받은 환자들 가운데 약물 투여 초반에 종양의 크기가 커지거나 전이가 일어났다가 완치되는 환자가 나왔다. 이런 사례가 쌓이면서, 제드 월콕(Jedd Wolchok) 박사 등은 새로운 면역항암제의 효능 평가 방법에 대한 논문을 2009년 『클리니컬 캔서 리서치(*Clinical Cancer Research*)』에 발표하기도 했다. 항 CTLA-4 항체의 임상3상 성공에는 '평가법을 바꾸어야 한다'는 발상의 전환이 중요한 역할을 했다.

메다렉스는 항 CTLA-4 항체로 전이성 흑색종을 치료하는 임상3상에 들어갔다. 그리고 그 무렵 메다렉스의 대주주였던 BMS가 메다렉스를 인수한다. 전 세계적인 규모의 대형 제약기업이 항 CTLA-4 항체로 항암제를 개발하는 데 직접 나선 것이다. 이렇게 되자 경쟁자도 나타났다. 화이자(Pfizer)는 다른 항 CTLA-4 항체를 만들었고, 빠르게 임상시험에 들어갔다.

　BMS와 화이자의 임상3상 경쟁에서 승패를 가른 것도 효능 평가 방식이었다. 화이자는 기존 항암제에서 많이 사용하는 생존 기간 중간값을 이용해 효능을 평가했다. 임상시험 참여 환자 가운데 50% 정도의 환자가 사망하는, 임상 초기 효능을 평가할 수 있는 기준이었다. 안타깝게도 화이자의 항 CTLA-4 항체인 트레멜리무맙(Tremelimumab)을 투여받은 환자와 기존 항암제를 투여받은 환자의 생존 기간 중간값은 통계적으로 유의미한 차이를 보이지 않았다. 설정한 효능 평가 방법에 따르면 임상에서 실패한 것이다. 화이자는 임상3상을 접었고, 화이자의 임상3상을 이끌었던 UCLA의 안토니 리바스(Antoni Ribas) 박사는 임상시험 실패 결과를 발표한다.(*Seminars in Oncology*, 2010)

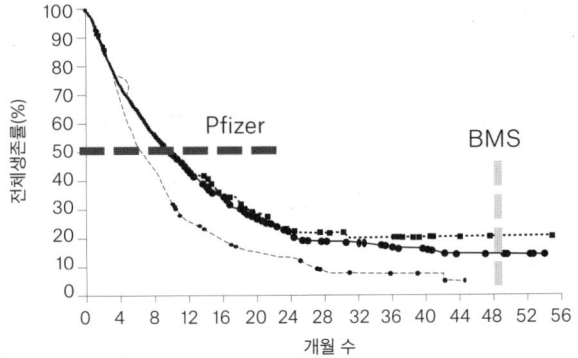

임상 성패를 가른 효능 평가법
[출처: F.S. Hodi et al., Improved survival with ipilimumab in patients with metastatic melanoma, *The New England Journal of Medicine* 363, 711 (2010).]

화이자의 임상3상 실패 소식을 접한 BMS도 고민에 빠졌지만, 화이자와는 다른 선택을 했다. 아마도 '절대 실패할 수 없다!' 아니면 '절대 실패하지 않을 것이 확실하다!' 정도의 마음을 먹었던 것 같다. 전이성 흑색종 환자의 50% 생존 기간은 보통 1년이 안 되는데, BMS는 4년 이상 임상시험을 밀고 갔다. 어떻게 보면 무모한 시도였다.

그런데 이렇게 오랫동안 임상시험을 진행하니, 기존 임상시험 패턴에서는 알 수 없었던 것을 알게 되었다. 장기 생존율을 보니 임상시험에서 항 CTLA-4 항체를 처방받았던 환자들만 살아남은 것이다. BMS는 이를 통계적으로 분석했다. 그리고 면역항암제의 효능이 단기적으로 종양 크기 변화나 생존 기간 중간값의 연장이 아닌 환자의 생존 기간을 늘리는 데 효과가 있다는 것을 입증했다.

화이자의 임상3상 실패 발표가 리바스 단독저자였던 것에 비해, BMS의 성공 발표에는 여러 과학자들의 이름이 함께 있었다. 다나 파버 암 센터(Dana-Farber

Cancer Institute)의 스티븐 하디(Stephen Hodi)를 포함한 29명의 이름으로 'Improved survival with ipilimumab in patients with metastatic melanoma'라는 논문이 2010년 *NEJM*에 발표되었다. 논문의 핵심이 제목 앞부분에 있다. 바로 Improved survival이다. 면역항암제의 효능이 기존 항암제와 다른 장기 생존임을 밝힌 것은 BMS 임상3상 성공의 핵심이었다. BMS의 항 CTLA-4 항체는 최초의 면역관문억제제 여보이®(Yervoy®, 성분명: Ipilimumab)가 되었다.

옵디보®(Opdivo®)

또 다른 보조자극수용체 가운데 하나인 PD-1(Programmed cell death protein 1)은 T세포 표면에서 T세포의 활성을 막아 면역반응을 억제한다. 나이브 T세포는 PD-1을 발현하지 않지만, 활성화된 T세포는 TCR이나 CD28의 신호를 받아 PD-1을 발현한다. PD-1은 두 개의 리간드 PD-L1(Programmed death ligand 1)이나 PD-L2(Programmed death ligand 2)와 결합해 상호작용한다. 항원제시세포, 암세포, 그 외의 다양한 세포들이 PD-L1을 발현하는데, PD-L2는 주로 항원제시세포에서만 발현한다.

T세포가 발현하는 PD-1의 의미는 무엇일까? 바이러스에 의한 만성염증을 연구하는 미국 에모리 의과대학 라피 아메드(Rafi Ahmed) 박사의 연구를 살펴보자.

보통 급성염증은 병원균에 대항하는 T세포가 클론을 확장했다가 수축기를 거쳐 소수의 기억 T세포만이 남는 일반적인 면역반응이다. 빠르게 병원균을 없애고 면역반응은 멈춘다. 이때 T세포에서 PD-1이 발현하면, 병원균으로 활성화된 면역반응의 과도한 활성을 억제한다. T세포의 PD-1은 빠르게 늘어났다가, 병원균이 없어지면 다시 줄어든다. 그런데 모든 병원균이 금방 사라진다는 보장은 없다. 빠르게 없애지 못한 병원균이 만성염증을 일으키는데, 만성염증으로 면역반응이 활성화되면 이를 억제하는 차원에서 PD-1이 계속 발현된다. T

세포는 이렇게 PD-1을 계속 발현하라는 신호전달에 반응을 보이다가 결국 탈진 상태에 이르러 제 역할을 하지 못한다.

아메드는 PD-L1 항체로 PD-1과 PD-L1의 상호작용을 막아보았다. 그러자 만성염증 상태에서 PD-1을 발현하는 T세포가 탈진한 상태를 벗어나 정상 기능을 회복했다. 아메드의 연구는 'Restoring function in exhausted CD8 T cells during chronic viral infection'이라는 제목으로 2006년 『네이처』에 실렸다. 오래 지속된다는 점에서 암도 만성염증과 비슷하다. 그러므로 암에서도 PD-1 신호를 막아 T세포가 탈진 상태에서 벗어나면 다시 제 기능을 수행해 암을 치료할 수 있는 것이다.

사실상 PD-1 연구에서 핵심은, 2018년 앨리슨과 함께 노벨상을 받은 일본 교토 대학 혼조 다스쿠(本庶佑) 박사가 맡았다. 혼조는 1990년대 초반부터 PD-1과 관련된 핵심적인 기초 연구를 해오고 있었다. 그는 PD-1을 처음으로 발견해 1992년 *EMBO Journal*

에 발표했다. PD-1 기능을 밝히기 위해 PD-1이 결핍된(Knock-out) 쥐를 만들어 유전자의 표현형을 관찰한 것도 혼조 연구팀이었다. 이 연구에서 PD-1 결핍 쥐에서 자가면역질환이 나타났는데, PD-1이 없으면 T세포가 과도하게 활성화될 수 있다는 뜻이었다. 이 연구는 1999년 『이뮤니티』에 발표되었다.

유전자 표현형대로 질환이 증상으로 나타나는 데는 4개월이 걸렸다. 1개월이면 심각한 자가면역질환을 보여주던 CTLA-4와 달랐다. 실험을 진행했을 혼조 연구실의 연구원은 아무런 표현형을 보지 못한 4개월 동안, 아마도 하루하루 고통스러운 시간을 보냈을 것이다. 그런데 이는 새로운 계기가 되었다. PD-1이 음의 보조자극 수용체이며, 면역관문 역할을 한다는 것이 증명되자 혼조는 용기를 얻었다. 항 CTLA-4 항체는 부작용으로 자가면역질환이 심각하게 나타났다. PD-1 결핍 쥐에서 CTLA-4 결핍 쥐보다 더 늦게 자가면역질환이 생겼다는 것은, 항 PD-1의 부작용이 항 CTLA-4보다 덜할 수 있다는 뜻이었다. 실제 임상시험에서도 이런 예측은 입증되었다. 결과에 고무된 혼조는 항 PD-1을 이용한 항암제 개발에 들어갔다.

그러나 역시 쉬운 일은 없다. 일본 학계 분위기는 꽤 보수적이었다. 기초 연구를 하는 면역학자가 암을 치료하겠다고 나서는 상황을 곱지 않게 보았다. 실제로 특허를 내는 것조차 어려웠는데, 혼조가 새로운 항암제 표적으로 PD-1의 특허 출원을 요청했으나 교토 대학은 거부했다. 교토 대학은 생명공학 기술을 이용한 신약개발 특허를 출원해본 적이 없었던 것이다. 대신 교토 대학이 아닌 제약기업을 거쳐 출원하는 특허에 간섭하지 않겠다는 대답이 왔다. 혼조는 다른 일로 협력 연구를 하던 오노약품(Ono Pharmaceuticals)을 찾았다. 오노약품은 2002년 혼조의 아이디어를 바탕으로 한 특허를 출원해주었다. 비전이나 아이디어를 보고 특허를 출원했다기보다는 개인적인 친분 관계 때문이었다고 한다.

혼조도 처음에는 앨리슨처럼 쥐에서 효능을 검증했을 뿐, 임상시험 단계로 넘어가지 못하고 있었다. 인간 항체를 만들어 임상시험을 진행하기에 오노약품은 너무 작은 기업이었다.

이때 메다렉스가 또 나타난다. 메다렉스가 인간 항 PD-1 항체를 만들었고, 이를 가지고 임상시험에 들어갈 수 있었다. 항 CTLA-4 경우에서처럼 메다렉스가 BMS에 인수되면서 신약개발을 위한 대규모 임상시험에 들어갈 수 있는 기회도 생겼다. 그렇게 2014년, PD-1 항체를 가지고 만든 면역항암제 옵디보®(Opdivo®, 성분명: Nivolumab)가 일본에서 먼저 승인을 받았고, 같은 해 미국에서도 승인받았다. BMS는 혁신적인 두 가지 면역관문억제제 여보이®와 옵디보®를 가졌으며, 면역항암제 신약개발 분야에서 앞설 수 있게 되었다.

키트루다®

2011년 면역관문억제제 여보이®가 나온 이후 8년이 지난 2019년 현재, 면역항암제의 대세로 머크(Merck)의 키트루다®(Keytruda®, 성분명: Pembrolizumab)를 꼽는 사람들이 많다. 키트루다®는 원래 2006년에 오르가논(Organon)에서 개발한 치료제다. 오르가논은 2000년대 초반, 자가면역질환 치료제로 PD-1을 활성화하는 항체를 구상했다. 그런데 오르가논이 만든 항체는 PD-1을 활성화하지 않고 저해했다. 자가면역질환 치료제 개발에 실패한 것으로 이야기를 끝낼 수도 있었지만, 오르가논은 항암제로 방향을 바꿨다.

2007년 오르가논은 쉐링 플라우(Schering-Plough)에 인수되고, 2009년 쉐링 플라우는 다시 머크에 인수된다. 머크는 오르가논에서 쉐링 플라우를 거쳐 온 항 PD-1 항체를 매각하려는 계획을 세웠다. 2000년대 들어와 진행된 면역항암제의 신약개발이 대부분 실패했기 때문이었다. 그런데 BMS가 면역관문억제제 개발에 성공했다는 소식을 접한 머크는 팔아치우려던 항 PD-1 항체를 자체 개발하기로 결정한다. BMS보다 4~5년 정도 늦었지만, 본격적인 도전에 나서기로 한 것이었다.

머크는 UCLA의 안토니 리바스 박사에게 임상1상을 맡겼다. 리바스는 화이자에서 항 CTLA-4 항체를 이용한 임상3상에서 실패한 경험이 있었다. 실패의 경험은 값진 것이었다. 리바스는 항 CTLA-4 항체로 임상시험에서 실패했던 경험을 곱씹어, 빠르고 정확하게 항 PD-1 항체의 치료 효능을 평가했다. 리바스는 소규모 임상1상에서 항 CTLA-4 항체보다 항 PD-1 항체의 치료 효능이 뛰어나다는 것을 직감했다. 그리고 머크에 대규모 임상시험을 제안했다. 머크는 과감하게 투자하기로 했다. 이렇게 항암제 신약개발 역사상 가장 큰 규모의 임상1상이 시작됐다. 보통 임상1상에 참여하는 사람들의 규모가 10명 정도 수준인데, 머크의 항 PD-1 항체 임상1상에 등록된 환자만 1,235명이었다.

머크는 한 발 더 나아갔다. BMS의 항 CTLA-4 항체 여보이®로 치료받은 환자 가운데 내성을 보인 환자를 대상으로 임상시험에 나선 것이다. 머크는 여보이®에 내성을 보이는 환자에게 항 PD-1 항체를 투여해 효능을 입증할 수 있다면, FDA 승인을 받는 일은 어렵지 않을 것이라 계산했다. 임상시험은 큰 성공을 거두었다. 리바스는 2013년 *NEJM*에 결과를 발표했다.

머크는 FDA의 제도도 잘 활용했다. 2012년 9월, FDA는 '생명을 위협하는 심각한 질환을 치료하기 위해 개발 중인 신약 후보물질을 혁신 치료제로 지정할 수 있는 규정(Breakthrough therapy designation)'을 도입했다. 이 규정에 따라 혁신 치료제로 지정되면, 다른 신약보다 승인 심사가 우선으로 이루어지며, 임상2상 결과만으로 시장에서 판매할 수 있게 된다. 머크는 이 제도를 활용해 BMS의 항 PD-1 항체 옵디보®보다 3개월 빠르게 판매 승인을 FDA로부터 받았다. 흑색종 환자들에게 머크의 키트루다®를 처방할 수 있게 된 것이다.

키트루다®가 나온 후에도 머크는 속도를 늦추지 않았다. 머크는 PD-1 리간드인 PD-L1을 많이 발현하는 종양 보유 환자에게 키트루다®의 효능이 높을 것이라고 예상했다. 머크는 환자의 종양 조직 안에서 PD-L1이 어느 정도 이상 발현하는 환자만을 선별해 임상시험을 진행하기로 했다. 당시로서는 과감한 결정이었다. 머크의 이런 결정은, 신약 임상시험 참여 조건을 까다롭게 해 환자의 치료 선택권을 빼앗았다고 비난받기도 했다.

같은 메커니즘의 항 PD-1 항체를 가진 BMS와 머크는, 자신들의 후보물질을 비소세포폐암 환자의 1차 치료제로 허가받기 위해 경쟁했다. 둘은 임상시험 진행부터 컨셉이 달랐다. 머크는 환자의 종양 조직에서 PD-L1 발현이 50% 이상인 환자들을 대상으로 임상시험을 진행했다. 효과를 볼 환자를 정확하게 골라내는 컨셉이었다. BMS는 환자의 종양 조직에서 PD-L1 발현이 5% 이상인 환자를 대상으로 했다. 더 많은 환자들을 치료할 수 있을 것이라 기대하는 컨셉이었고, 더 넓은 범위의 환자에게 옵디보®를 써보자는 것이다.

성공은 비난받던 머크의 것이었다. 머크는 임상시험 성공 결과를 2015년 *NEJM*에 발표한다. BMS의 임상시험은 실패했다. 더 큰 시장을 목표로 했지만 시장 전체를 놓친 결과로 이어졌다. 약의 효능을 예측하는 바이오마커로 PD-L1을 활용한 머크의 전략은 이후 다른 신약개발 임상시험 디자인에 영향을 주었다.

머크의 혁신은 여기서 끝나지 않았다. 유전자 변이 정도가 면역항암제의 효능과 상관관계가 있다는 점은 이미 알려져 있는 사실이었다. 유전자의 변이가 많을수록 암 항원이 늘어나기 때문이다. 머크는 유전자의 변이를 일으키는 유전 특성을 바이오마커로 사용하기로 한다.

세포는 분열하면서 DNA를 복제하는데, 많은 염기 서열의 DNA를 복제하다보면 오류가 생길 수밖에 없다. 오류를 수정하는 메커니즘에 문제가 생기고(DNA mismatch repair deficiency, MMR-d), 오류가 쌓인 초위성체의 불안전성(Microsatellite instability, MSI)이 높아지는 경우(MSI-H)가 대표적인 예이다. 이러한 특성이 있는 환자들에게 키트루다®를 투여하자, 전에는 유의미한 효능으로 결과가 나오지 않던 암종인 대장암, 위암 등에서 효능이 나타났다. 2018년 키트루다®는 MMR-d 혹은 MSI-H를 기준으로 한 처방으로 FDA 승인을 받았다. 어떤 암종이든 바이오마커 만으로 항암제를 사용할 수 있게 된 첫 번째 사례이다.

2018년을 기준으로 판매된 액수를 보면 머크의 키트루다®는 BMS의 옵디보®를 앞서는 면역관문억제제가 되었다. 그런데 BMS와 오노약품은 머크가 특허를 침해했다며 소송을 걸었다. 합의를 거쳐 머크는 6억 2,500만 달러의 선지급금과 매출액의 6.5%에 해당하는 로열티를 BMS와 오노약품에 지급하기로 했다. 혼조가 출원해놓은 특허 덕분이었다. 혼조 다스쿠만 소송의 승자는 아니었다. 혼조의 연구에 다나 파버 암 연구소의 고든 프리만(Gordon Freeman) 박사와 클리브 우드(Clive Wood) 박사의 기여도 인정되어야 한다는 소송에서 다나 파버 측이 이겼다. 성공한 과학에 공동 기여가 구체적으로 인정된 사례였다.

BMS, 오노약품과 머크의 소송은 면역항암제 신약 개발 후발주자들에게 영향을 주었다. 이들은 특허 문제를 피하려고 PD-L1을 표적하는 것으로 방향을 바꾸었다. T세포 표면에 있는 PD-1은 종양세포에 있는 PD-L1 리간드와 결합해 면역반응을 나타낸다. 손바닥이 마주쳐야 소리가 나듯, T세포의 PD-1 수용체를 건드릴 수 없다면, 종양세포의 PD-L1 수용체를 선택적으로 표적해도 같은 효능을 볼 수 있을 것이라는 아이디어였다. 연구자들은 곧 종양세포 PD-L1에 결합하는 항체를 만들었다. 덕분에 세 번째 면역관문억제제가 나올 수 있었다. 지금까지 PD-L1을 표적하는 면역항암제로 승인받은 것은, 로슈(Roche)의 티쎈트릭®(Tecentriq®, 성분명: Atezolizumab), 화이자와 독일 머크(Merck KGaA)의 바벤시오®(Bavencio®, 성분명: Avelumab), 아스트라제네카(Astrazeneca)의 임핀지®(Imfinzi®, 성분명: Durvalumab)가 있다.

약진과 한계

2010년대 초반 임상시험의 성공으로 면역관문억제제에 대한 관심이 늘어났다. 이는 다시 더 많은 임상시험으로 이어졌다. 항 CTLA-4가 면역항암 치료 시대를 열어주었지만, 항 PD-1/PD-L1에 비해 부작용은 컸고 효능은 떨어졌다. 항 PD-1/PD-L1이 당분간 대세일 것이다.

항 CTLA-4와 항 PD-1/PD-L1의 뒤를 잇는 새로운 면역관문억제제를 개발하려는 노력도 이어지고 있다.

음의 보조자극 수용체인 LAG-3, TIM-3, VISTA, TIGIT 등을 표적으로 한다. 일부 긍정적인 초기 임상시험 결과가 발표되었지만, 단독투여에서 아직까지 PD-1/PD-L1 항체 정도의 효능을 보이는 면역관문억제제는 없는 것으로 보인다. 전 세계적 규모의 제약기업들은 항 PD-1/PD-L1을 적용할 수 있는 암종을 선점하려는 공격적 임상시험을 진행하고 있다. 그 결과 흑색종, 비소세포폐암뿐만 아니라 방광암, 신장암, 간암 등에도 적용할 수 있다는 연구 결과가 나오고 있다.

반대로 대장암, 위암, 췌장암 등 면역관문억제제의 효능이 나타나지 않는 암종도 밝혀지고 있다. 면역관문억제제가 처음 소개될 때 '생존률 향상'은 사람들을 열광시켰다. 그러나 연구가 진행되면서, 암종에 따라 차이는 있지만 약 20% 내외의 환자만 PD-1/PD-L1 항체에 반응을 보이는 것을 알게 되었다. 가장 효능이 좋은 흑색종도 40% 정도다.

이제 다음 질문은 '어떤 환자가 항 PD-1/PD-L1에 반응할 것인가?'와 '어떻게 하면 항 PD-1/PD-L1의 효능을 높일 것인가?'다. 앞의 질문이 항 PD-1/PD-L1에 반응하는 환자를 골라내기 위한 바이오마커 개발로, 뒤의 질문은 항 PD-1/PD-L1의 효능을 극대화할 수 있는 다른 치료법과의 병용 치료 연구로 이어진다. 이 문제를 풀려면 다시 '면역관문억제제의 구체적인 작동 메커니즘은 무엇인가?'라는 과학적 논의로 더 들어가야 한다.

VI

면역관문억제제 2
불완전한 메커니즘

면역관문억제제의 메커니즘은 'T세포의 브레이크를 차단해 T세포의 기능을 향상시킨다'로 요약할 수 있다. 면역관문억제제는 림프절과 종양 조직에서 작용할 수 있고, 표적 분자에 따라 작용 부위와 세부적인 작동 메커니즘이 조금씩 다르다. 항 CTLA-4 항체는 림프절에서 종양 특이적 나이브 T세포를 활성화시켜 종양을 공격하는 T세포의 수를 늘리고 TCR의 종류를 다양하게 한다. 항 PD-1 항체와 항 PD-L1 항체는 종양 조직에서 탈진한 효과 T세포의 기능을 다시 회복시켜 종양세포를 없앨 수 있게 한다.

그런데 사람 몸속에 들어간 면역관문억제제가 이렇게 단순한 설계대로만 움직이지 않는다. 이는 CTLA-4와 PD-1, PD-L1을 발현하는 세포의 종류가 다양하고, 각 수용체와 상호작용하는 리간드가 많기 때문이다. 면역관문억제제가 기본적으로 항체라는 점도 메커니즘을 복잡하게 만든다. 항체는 종류가 다양하며, 특정 항체는 특정한 무엇을 막는 것 이상으로 다양한 면역 반응을 유발할 수 있다.

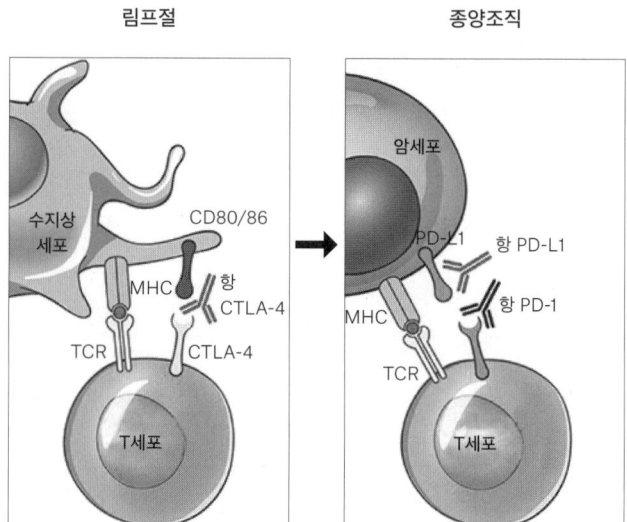

항 CTLA-4: 조절 T세포 제거?

CTLA-4는 T세포뿐만 아니라 조절 T세포도 발현한다. 조절 T세포는 면역의 과도한 활성화를 억제해 자가면역질환을 막는 역할을 한다. CTLA-4가 분자 수준의 면역관문이라면 조절 T세포는 세포 수준의 면역관문이다. T세포가 TCR의 활성화 신호에 CTLA-4를 발현한다면, 조절 T세포는 항상 CTLA-4를 발현한다.

종양 조직에는 여러 조절 T세포가 있어, 종양에 대한 면역반응을 억제하는 것으로 알려져 있다. 2013년, 세르지오 퀘자다(Sergio Quezada) 박사 연구팀은 앨리슨 연구팀과 항 CTLA-4 항체가 쥐의 종양에서 조절 T세포를 없애는 기능이 있다는 것을 확인했다. 이는 CTLA-4 항체가 림프절에서는 T세포의 활성화를 돕고, 종양에서는 조절 T세포를 없애 이중으로 종양에 대한 면역반응을 강화시킴을 의미한다.

이 논문이 발표된 이후 쥐에서 입증된 결과가 사람에게도 적용되는가에 관심이 쏠렸다. 임상시험에서 메커니즘을 밝히는 것은 어려운 일이다. 쥐를 이용한 실험에서는 정의가 잘 된 암세포를 가진 쥐에 약물을 주입해 연구할 수 있지만, 환자는 사람마다 종양의 특징이 다르고 종양 조직을 얻을 수 있는 횟수에 제한이 있다. 연구 결과는 두 가지로 나왔다. 어떤 경우에는 항 CTLA-4가 종양 조직의 조절 T세포를 제거하는 것으로 추정되었지만, 어떤 경우에는 그렇지 않았다. 2019년 패드마니 샤르마(Padmanee Sharma) 박사 연구팀이 사람에게 항 CTLA-4가 종양 조직의 조절 T세포를 없애지 못한다는 연구를 『클리니컬 캔서 리서치』에 발표한다. 이 논의의 결론은 조금 더 지켜봐야 할 것이지만, '쥐에서 했던 연구가 사람에게서 잘 재현되지 않는다'는 면역항암 치료제 연구의 어려움만큼은 확실해진다.

항체의 Fc

쥐에서 CTLA-4 항체는 어떻게 조절 T세포를 없앴을까? 항체는 B세포가 면역반응으로 만드는 생분자이다. 항체는 항원에 강하게 붙는 특징을 살려, 실험 시약이나 약물로 개발되고는 한다. 가장 많이 약물로 개발되는 항체는 면역글로불린G(Immunoglobulin G, 이하 IgG)다. IgG는 항원을 인지하는 가변부위 Fab와, 공통적으로 가지고 있어 여러 면역반응을 유발하는 Fc로 구성되어 있다. IgG는 특징에 따라 IgG1, IgG2, IgG3, IgG4로 나뉘는데, 특징을 결정하는 것은 Fc다. Fc가 있는지 없는지, 어떤 Fc를 가지고 있는지에 따라 항체의 기능이 다르다.

항체가 Fab를 이용해 표적 대상에 붙으면, Fc 부분이 밖으로 나와 면역세포의 Fc 수용체와 작용해 다양한 면역반응을 이끌어낸다. Fc 수용체는 대식세포, NK세포, 수지상세포 등의 선천면역계의 세포들이 주로 발현한다.

Fc 수용체가 유발하는 면역반응은 크게 두 가지로 나뉜다. 첫째, 항체의존포식(Antibody-dependent phagocytosis)이다. 항체의존포식은 대식세포나 수지상

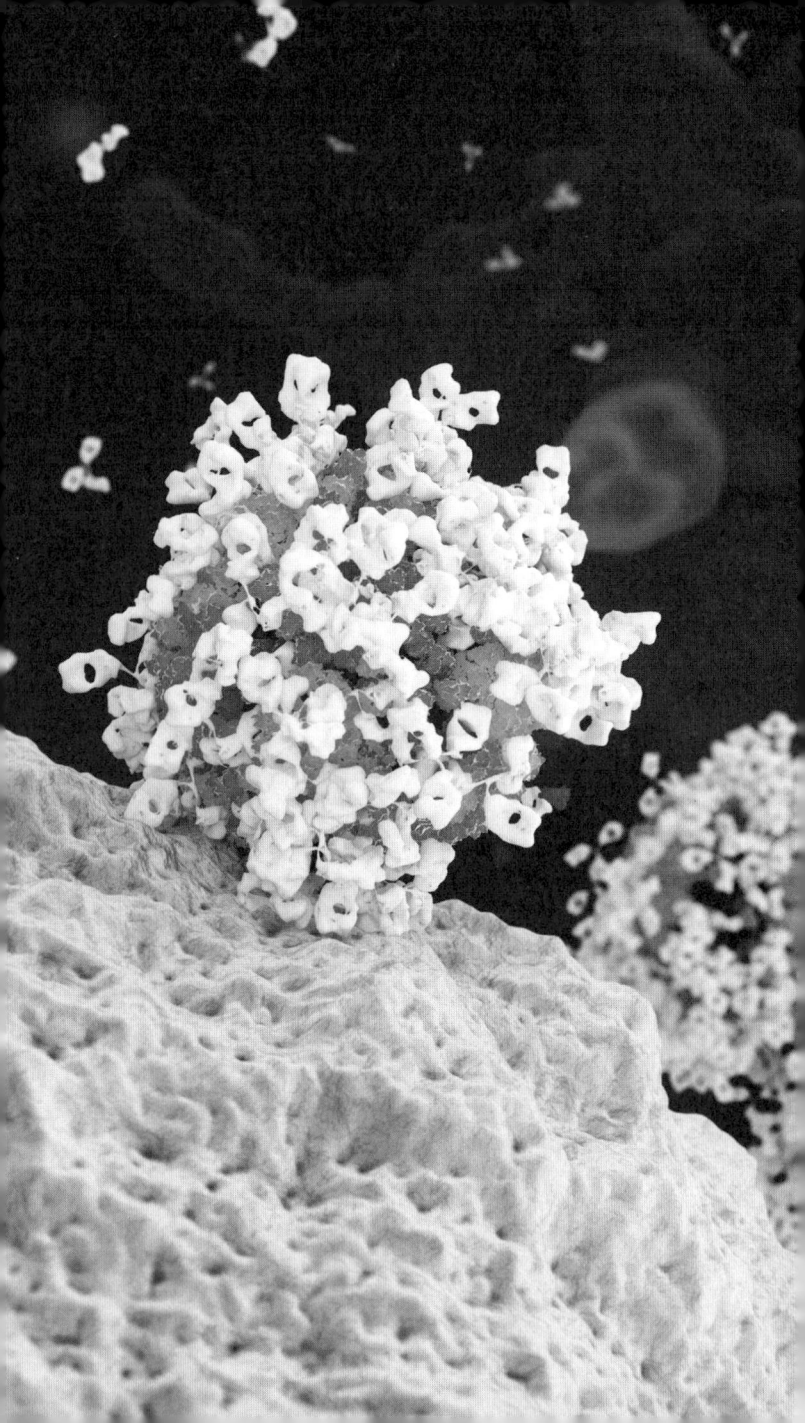

왼쪽 그림은 항체의존포식을 3D 랜더링으로 그려본 것이다. 항체로 코팅된 인플루엔자 바이러스가 대식세포에 직접 잡아 먹히고 있다. 표적(암세포나 바이러스 등)을 코팅한 항체의 Fc 부위가 대식세포의 Fc 수용체와 결합하면 대식세포로 빨려들어간다.

항체의존세포살해(ADCC)도 표적하는 세포(암세포 등)가 항체로 코팅되어 있는 것은 항체의존포식과 같다. 둘의 다른 점은 ADCC는 항체와 상호작용하는 효과(Effectpr) 세포가 필요하다는 점이다. 대표적인 효과 세포로는 NK 세포가 있는데, NK 세포의 FC 수용체와 암세포를 둘러싸고 있는 항체와 결합하면 NK 세포에서 암세포를 공격하는 물질이 방출된다.

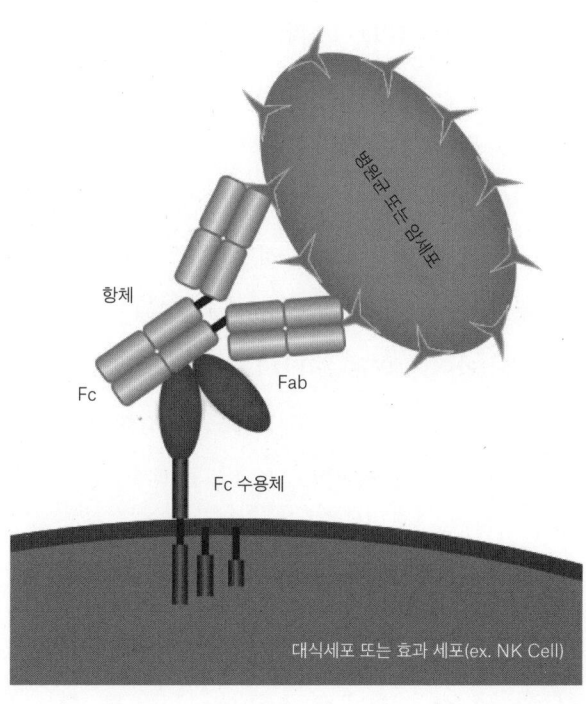

세포가 항체에 결합한 바이러스, 박테리아, 암세포 같은 항원을 잡아먹는 기능을 말한다. 둘째, 항체의존세포살해(Antibody-dependent cellular cytotoxicity, 이하 ADCC)다. ADCC는 주로 대식세포와 NK세포가 항체에 붙어 있는 세포를 없애는 기능이다. 항 CTLA-4가 쥐에서 조절 T세포를 없애는 메커니즘은 대식세포에 의한 ADCC이다.

여러 항 PD-1/PD-L1의 효능은 같을까?

항 PD-1/PD-L1이 단순히 PD-1/PD-L1 사이의 상호작용을 막는 것이라면, 여러 종류의 항 PD-1/PD-L1의 효능은 서로 크게 다르지 않을 것이다. 그러나 문제는 늘 그렇듯 단순하지 않다. 첫째, PD-1과 PD-L1은 1:1 대응관계가 아니다. PD-1은 PD-L1, PD-L2 두 가지 리간드를 가진다. PD-L1은 PD-1 말고도 B7-1*리간드가 있다. PD-1과 PD-L2 사이의 작용, PD-L1과 B7-1 사이의 작용이 종양면역환경에서 얼마나 중요한지 알려지지 않았지만, PD-1을 차단하는 것과 PD-L1을 차단하는 것이 다른 결과를 가져올 수 있다.

둘째, Fc에 의한 작용을 생각하면 문제는 더 복잡해진다. PD-1을 발현하는 세포나 PD-L1을 발현하는 세포를 ADCC 등으로 없애는 것이 가능해지기 때문이다. 지금까지의 연구개발은 이런 복잡성을 피하기 위해 ADCC 효과를 최소화하는 전략을 취해왔다. 현재 판매되고 있는 세 종류의 PD-1 항체는 모두 Fc 수용체에 대한 반응성이 낮은 IgG4를 사용한다. PD-L1 항체는 모두 Fc 수용체에 대한 반응성이 강한 IgG1을 사용하고 있는데, 로슈의 티쎈트릭®(Tecentriq®, 성분명: Atezolizumab)과 아스트라제네카의 임핀지®(Imfinzi®, 성분명: Durvalumab)는 ADCC를 최소화하도록 Fc를 변형한 항체를 쓴다. 화이자/독일 머크의 바벤시오®(Bavencio®, 성분명: Avelumab)만 강한 ADCC 반응을 유발할 수 있다.

PD-L1은 종양세포뿐만 아니라 다양한 면역세포에서도 발현하므로 항 PD-L1에 의한 ADCC는 복잡한 결과로 이어질 수 있다. 종양세포의 PD-L1을 표적하는 측면에서는 항암 효능을 높일 수 있지만, 면역세포의 PD-L1을 표적한다면 면역 기능을 억제해 항암 효능을 낮출 수 있다. 항 PD-1/PD-L1의 Fc에 의한 작용은 Fab에 의한 작용과 늘 섞여서 일어날 것이다. 환자에게서 이를 확인하는 것은 현재까지는 거의 불가능해 보인다. 쥐에서는 실험을 통하여 검증 가능하지만, 항 CTLA-4의 경우처럼 쥐에서 확인된 결과가 사람에게도 적용되는가 하는 것은 어려운 이야기이다. BMS의 항 CTLA-4는 조절 T세포를 표적으로 한 ADCC를 강하게 유발하기 위해 IgG1을 사용했지만, 기대했던 효과가 크게 나타나지 않은 것으로 보인다.

셋째, 여러 종류의 PD-1/PD-L1 항체는 PD-1이나 PD-L1에 붙는 곳이 다르다. 또한 붙었을 때의 생물리화학적 특성도 모두 다르다. 이러한 차이는 PD-1과 PD-L1의 상호작용을 기능적으로 막는다는 면에서는 같은 작용이겠지만, 항 PD-1/PD-L1이 단순하게 차단하는 것 이상의 기능을 할 가능성이 충분하다. 미세한 생물리화학적 특성의 차이가, 몸속에서 어떻게 작용해 어떤 일로 이어질지 연구가 더 이루어져야 한다.

    이처럼 다양한 항 PD-1/PD-L1은 작용 메커니즘이 미세하게 다를 수 있어, 효능에서도 차이가 나타날 수 있다. 그러나 '과연 어떤 항체가 어떤 암종에서 가장 효과가 좋을 것인가?'라는 질문에 대한 답을 알기는 어렵다. 답은 구하려면 다양한 PD-1/PD-L1 항체를 직접 비교하는 임상시험을 해야 한다. 그런데 보통 임상시험을 주도하는 것은 경쟁 관계에 있는 제약기업들이다. 경쟁하는 기업의 항체와 자신의 항체를 비교했다가, 자신의 항체 효능이 부족한 것이 드러나는 것보다는 비교 데이터를 모호하게 두고 적절하게 시장을 나누어 가지는 것이 더 유리하다고 판단하면 비교 임상시험이 이루어지기 어렵다.

PD-1/PD-L1 항체 치료제: 적응 내성 극복?

T세포는 과도한 면역 활성화를 막는 브레이크로 PD-1을 발현한다. T세포는 바이러스나 암을 없애는 힘이 강력해, 과도하게 활성화되면 정상 조직을 공격하는 자가면역질환을 불러올 수 있다.

T세포와 가까이 있는 종양세포는 T세포가 TCR 신호전달의 결과로 분비하는 인터페론 감마(Interferon-gamma, 이하 IFN-γ)에 반응해 PD-L1을 발현한다. IFN-γ는 종양 조직의 다양한 세포들을 활성화시켜 면역항암반응을 일으키는 강력한 사이토카인이다. 종양세포는 접근하는 T세포의 IFN-γ를 감지해 PD-L1을 발현하고, PD-L1은 T세포를 탈진 상태에 빠지게 한다. 종양세포가 T세포의 공격을 피하는 방법이다. T세포 공격을 피하는 이와 같은 종양의 메커니즘을 '적응내성(Adaptive resistance)'이라고 한다. T세포의 공격이 강해질수록 적응내성도 강해진다.

키트루다® 임상시험을 이끌던 UCLA 리바스 연구

팀은 종양 주변부에서 T세포와 접한 종양세포가 PD-L1 발현 수준이 높은 경우 항 PD-1에 대한 효능이 좋다는 결과를 발표한다.(『네이처』, 2014) 리바스 연구팀은 이런 결과를 바탕으로 항 PD-1의 작용 메커니즘을, '종양 부위에서 PD-1을 발현하는 T세포의 재활에 따른 항암 효능의 재발현'이라고 설명했다. 즉 항 PD-1의 작동 메커니즘이 종양 조직의 적응내성을 극복한 것이라는 개념이다. 한동안 이 이론이 항 PD-1/PD-L1 치료의 작용 메커니즘으로 받아들여졌다.

그러나 2016년 라피 아메드 박사 연구팀을 시작으로 여러 연구팀이 PD-1을 발현하는 T세포는 종양 조직뿐만 아니라 림프절에도 있고, 항 PD-1/PD-L1 치료는 림프절에서 새롭게 활성화되어 혈관을 거쳐 종양 조직으로 이동하는 T세포도 중요한 역할을 한다는 논문들을 연이어 발표하고 있다. 2017년부터는 종양세포가 발현하는 PD-L1이 아니라 대식세포, 수지상세포 등의 항원제시세포가 발현하는 PD-L1이 항 PD-1/PD-L1 치료제 효능에 더 직접적으로 연관이 있다는 논문도 나오고 있다. 암의 종류가 여럿이고 같은 암종이라도 환자 상태도 제각각일 것이니, 실제 항 PD-1/PD-L1의 치료 메커니즘이 다양하다고 해도 놀라운 일은 아니다.

마지막으로 CAR-T세포 치료제처럼 면역관문억제제에서도 후성유전학이 중요하다는 것이 밝혀지고 있다. 2016년, 존 훠리(John Wherry) 박사 연구팀은 종양 조직에서 PD-1을 발현하는 T세포의 탈진 상태가 후성유전학적인 변화를 동반한 상태이며, 항 PD-1 치료가 일시적으로 T세포의 활력을 돌려놓을 뿐이라는 결과를 『사이언스』에 발표한다. 최근 항 PD-1/PD-L1 항체로 치료받은 환자에게서 암이 재발하는 사례가 보고되고 있는데, 아마도 이런 메커니즘 때문일 것으로 추정한다. 또한 후성유전학적 변화를 제어하는 효소들이 항 PD-1/PD-L1의 내성을 극복할 수 있는 표적일지 관심을 끌고 있다. 항 PD-1/PD-L1의 항암 메커니즘과 내성 원인은 기초 연구가 더 진행되어야 한다.

혼란에 빠진 임상의사들

면역관문억제제는 치료 효능이 좋다. 그러나 환자 가운데 일부에게만 효능이 있다. 면역관문억제제가 가장 잘 듣는 암종인 흑색종에서도 전체 환자 가운데 40% 미만이 항 PD-1/PD-L1에 반응한다. 따라서 비싼 면역관문억제제가 어떤 환자에게 효과가 있을 것인지 약을 쓰기 전에 알아내면 좋다. 바로 이때 바이오마커가 필요하다.

항 PD-1/PD-L1을 투약할 것인지를 결정할 때 보통 쓰는 바이오마커가 PD-L1이다. 그런데 PD-L1은 여러 이유로 완벽한 바이오 마커라 하기 어렵다. 더 좋은 바이오마커를 개발하려는 노력이 열심이지만, 아직 뚜렷한 대안은 없다.

투약할지 말지를 결정해도 끝이 아니다. 환자 상태를 지켜보며 투약을 계속할 것인지를 결정해야 한다. 여기에도 뚜렷한 기준은 없다. 세포 독성 항암제나 분자 표적 항암제는 암세포를 직접 없앴다. 따라서 '얼마나 많이 없앴나?'가 중요했다. 종양 조직 크기가 많이 줄어들면 치료 효능이 높다고 평가했다. 이렇게 눈에 보이는 변화가 투약을 계속할 것인지 결정하는 데 기준이 되었다.

그런데 면역항암제는 다르다. 면역항암제는 면역 세포를 이용해 간접적으로 암세포를 없앤다. 따라서 치료 효능과 초기 종양 조직의 크기 변화의 상관관계가 모호했다. 심지어 면역항암제 치료 과정에서 T세포가 갑자기 몰려들어 종양 크기가 커졌다가 줄어드는 가짜 진행(Pseudo progression) 현상도 관찰되었다. 처음에는 이 현상이 가짜 진행인지, 진짜 진행(True progression) 인지 결정하기도 어려웠다. 도리어 면역항암제가 면역을 자극해 면역 환경이 나쁘게 바뀌고, 암이 더 빠르게 자라는 과다 진행(Hyper progression)이 보고되기도 했다. 면역항암제를 투여하고 빠르게 치료 효능을 평가할 수 있는 바이오마커가 개발되기 바라는 요구는, 면역항암제에 대한 관심이 높아질수록 커지고 있다.

환자에게 투여할 약물 용량을 정하는 것도 어렵다. 세포 독성 항암제는 투여량을 늘릴수록 효능이 높아진다. 암세포와 정상 세포를 구별하지 않고 공격하는 독성 때문인데, 독한 약을 넣으면 암세포가 더 많이 죽을 것이다. 따라서 '환자가 죽지 않을 정도'라는 최대 용량 기준을 정할 수 있다. 표적 항암제의 치료 메커니즘도 제법 선명해, 최대치의 효능을 내면서도 부작용이 작은 최소한의 투여 용량을 찾을 수 있다.

그러나 면역항암제는 약물의 용량과 효능, 부작용 사이의 관계가 모호했다. 많이 투여했는데 암세포가 죽지 않거나, 적게 투여했는데 효능이 나타나기도 했다. 부작용도 마찬가지다. 보통 면역항암제 부작용은 기존의 항암제에 비해 적어, 환자의 삶의 질을 크게 높여주었다. 그런데 예상한 부작용인 자가면역반응이 일어나는 빈도는 높지 않았으나, 일단 한 번 일어나기 시작하면 생명을 위협하는 심각한 수준으로 커졌다. 또한 환자에게 부작용이 나타날지 예측할 수 있는 지표를 찾기 어려웠다.

2019년 현재, 면역항암제의 치료 효능이 알려지면서 면역항암제 처방을 원하는 환자가 늘어나고 있다. 면역항암제는 항체를 바탕으로 하는데, 치료제인 항체 제작비가 비싸다. 항체를 바탕으로 하는 면역항암제로 치료를 받으려면 1년에 약 1억 원 정도의 비용이 들어간다. 건강보험 급여가 적용되면, 환자 부담금은 5백만 원 정도로 줄어들지만, 면역항암제를 투여받는 환자가 늘어난다면 건강보험 재정은 나빠질 것이다. 이런 이유로 현장에서 당장 필요한 것은 약보다도 바이오마커일지 모른다. 신뢰할 수 있는 바이오마커는 약효의 정도, 효과, 속도, 투여 중단 시기까지 보여줄 수 있어야 한다. 이렇게 믿을 만한 바이오마커가 주는 정보라면 꼭 필요한 환자에게 가장 효과적인 면역항암제를 처방할 수 있을 것이다. 모든 것을 종합해보면, 면역항암제에서 중요한 것은 결국 좋은 바이오마커다.

VII

바이오마커

PD-L1

머크는 면역항암제 개발 임상시험에 바이오마커를 적극적으로 활용했다. 항 PD-1 항체 개발에 BMS보다 4~5년 정도 늦은 머크의 차별화 전략이었다.

머크는 항 PD-1 치료 메커니즘을 종양세포가 발현하는 PD-L1에 의한 적응내성 극복이라고 보았고, 종양세포 가운데 PD-L1을 발현하는 세포 비율을 바이오마커로 삼았다. 초기부터 종양 조직에서 PD-L1 발현 비율이 어느 정도 이상인 환자만을 대상으로 임상시험을 실시했다. 그후 항 PD-1/PD-L1 치료 메커니즘이 추가되고 종양세포에서 PD-L1 발현이 바이오마커로 적합하지 않을 수 있다는 임상시험 결과가 계속 나오고 있지만, 2019년 현재까지도 PD-L1은 중요한 바이오마커로 사용되고 있다. 이는 PD-L1이 여전히 중요하다는 뜻이기도 하며, 바이오마커의 발전이 여전히 멈춰 있다는 뜻이기도 하다.

지금은 면역항암제 반응률이 20% 정도라는 점을

알고 있다. 또한 바이오마커로 확인하고 약물을 투여했을 때 반응률이 높을 환자를 임상시험에 더 많이 참여시키는 것이 임상시험 성공의 핵심 요소임을 안다. 그러나 면역항암제가 만능 치료제라 기대했던 초기에는 달랐다. PD-L1을 바이오마커로 삼아 임상시험을 했던 머크는 환자의 치료받을 권리를 외면한다는 비난을 받았다. 머크 자체적으로는 승인 후 처방이 가능한 환자의 숫자를 줄인다는 경영적 부담도 있었다.

그러나 PD-L1≥50%인 비소세포폐암 환자를 대상으로 했던 임상시험에서 성공한 머크가 비소세포폐암 1차 치료제 승인을 받았던 반면, PD-L1≥5%인 비소세포폐암 환자를 대상으로 했던 임상시험에서 BMS가 실패하자 바이오마커 사용은 면역항암제 임상시험에서 필수 사항이 되었다.

한편 PD-L1을 바이오마커로 사용한 임상시험이 늘어나면서 PD-L1이 좋은 바이오마커가 아니라는 것이 밝혀졌다. PD-L1 발현이 높지만 치료가 안 되거나, PD-L1의 발현이 거의 없는데도 치료가 되는 경우도 있었다. 원인 가운데는 항 PD-1/PD-L1 작용 메커니즘의 복잡성이 있다. 종양세포 아닌 세포에서 발현하는 PD-L1도 치료에 중요한 역할을 할 수 있다. 종양세포가 T세포와 아무 상관없이 자체적인 종양 발달 프로그램의 하나로 PD-L1을 발현하기도 한다. 이때 종양세포가 발현하는 PD-L1은 치료와 아무런 상관이 없게 되는 것이다. PD-1/L1 항체가 환자 몸속에 주입되면 종양세포의 PD-L1 발현 상태를 바꾸기도 한다. 적응내성이 나타나면서 종양의 PD-L1 발현이 늘어날 수도 있고, 환자 몸속에서 암이 전이된 장기마다 종양의 PD-L1 발현 상태가 다르게 나타나기도 한다. 전체적으로 따져보면 종양세포가 발현하는 PD-L1은 단독 바이오마커로는 충분하지 않다.

종양침투 T세포

T세포의 종양침투가 암의 예후와 상관있다는 것은 전

부터 알려져 있었다. 1998년 일본의 하루오 오타니 박사 연구팀은 T세포가 종양 조직에 많이 침투한 환자는 예후가 좋다는 사실을 『캔서 리서치(*Cancer Research*)』에 처음 발표했다. 2006년, 프랑스의 제롬 갈론(Jérôme Galon) 박사 연구팀은 하루오 오타니 연구팀의 연구 내용을 더 깊게 연구했다. 그 결과 대장암을 1기부터 4기까지 나누는 기존 분류법보다, 종양 내 T세포 침투 여부로 구분하는 것이 환자의 생존 기간을 더 정확하게 예측할 수 있다는 점을 『사이언스』에 발표했다. 이 결과는 T세포가 암의 억제와 치료에 중요하다는 점을 보여주는 것으로, 면역항암 치료의 중요한 이론적 배경이 되었다.

종양침투 T세포(Tumor-infiltrating T cell)는 암의 예후뿐만 아니라 면역항암 치료제 효능에도 중요한 역할을 한다. 종양 조직에 침투한 T세포가 얼마나 되는가를 바탕으로 하는 바이오마커도 개발되고 있다. 보통 종양 조직에 침투한 T세포가 많으면 면역항암 치료제가 효능을 발휘할 수 있는 '민감성 종양(Hot tumor)', 종양 조직에 침투한 T세포가 적으면 효능이 없는 '불응성 종양(Cold tumor)'으로 나눈다. 이를 정성적으로 표현하는 데까지는 큰 문제가 없다. 문제는 민감성 종양을 정의하기 위한 종양침투 T세포의 컷오프(cut-off) 값을 정하는 것이다. 종양침투 T세포 양을 단독 바이오마커로 사용하기는 어렵다. 이러한 한계를 극복하려고 제롬 갈론을 중심으로 국제 컨소시엄이 만들어졌다. 이 컨소시엄에서는 T세포의 유형, 밀도, 종양 안의 위치를 종합적으로 정량화한 면역 점수(Immuno score) 개발 연구를 하고 있다.

종양변이부담

T세포는 정상 세포는 발현하지 않는, 암세포 특이적 펩타이드 항원인 신항원(Neoantiegn)으로 암을 인지한다. 즉 암 조직에서 신항원이 많이 발현될수록 면역반응을 자극하는 면역원성이 높아진다. 그런데 이 펩타이드 신항원은 변이된 DNA에서 만들어지기 때문에 결국 암

조직에서 확인되는 유전자 변이 정도가 T세포에 의한 면역반응과 상관성이 있다. 2013년, 미국 브로드 연구소(Broad Institute) 연구팀은 27가지 다른 암종의 유전자 변이 빈도인 종양변이부담(Tumor mutation burden, 이하 TMB)을 분석하여 『네이처』에 발표했다. 흑색종이 1위, 폐암이 2위였다. 이로써 면역항암제의 효능과 TMB 사이의 관계가 좀더 명확해졌다.

TMB를 분석하려면 DNA 가운데 단백질을 만들 수 있는 영역인 엑솜(Exome) 영역의 염기서열을 모두 분석하는 전장엑솜분석(Whole exome sequencing)이 필요하다. 그런데 전장엑솜분석은 비용이 비싸고 시간이 오래 걸린다. 좋은 바이오마커는 아니다. 대신 종양세포의 DNA 손상을 복구하는 기능에 문제가 있으면(Mismatch repair deficiency, MMR-d) 종양 유전자 변이 정도가 압도적으로 높아진다는 점을 바이오마커로 활용할 수 있다. 이와 같은 현상은 대장암이나 위암 등에서 일부 발견되는데, 미소위성체 불안정성(Microsatellite instability) 발생 빈도가 높아진다(MSI-H). 그리고 MSI

는 PCR을 이용하여 손쉽게 측정할 수 있다.

이러한 점에 아이디어를 얻어 존스 홉킨스 대학 루이스 디아즈(Luis Diaz) 박사 연구팀은 암종에 관계없이 MMR-d의 특징을 가지는 환자가 머크의 키트루다®에 대한 반응이 좋다는 점을 밝히는 임상시험에 성공했다.(『사이언스』, 2017)

이는 환자 몸속에서 암이 생기는 부위에 따라 암 종류를 나누고 임상시험을 거쳐 치료 가능성을 예측하는 기존 방법을 넘어서는 것이다. 암 조직에서 유전자 변이의 특징을 확인해, 이를 바탕으로 면역항암 치료의 효능이 예측되는 환자를 선별한다. 미국 FDA는 암의 종류과 관계없이 MMR-d나 MSI-H 바이오마커로 선별한 환자들에게 키트루다®를 투여하는 치료법을 승인했다.

2010년대 중반, PD-1/PD-L1 항체를 이용한 임상시험이 거의 모든 암종에서 이루어졌다. 덕분에 암종별로 PD-1/PD-L1 항체의 효능을 정량적인 값으로 구할 수 있었다. 존스 홉킨스 대학의 엘리자베스 야피(Elizabeth M. Jaffee) 박사 연구팀은 27개 암종에 대

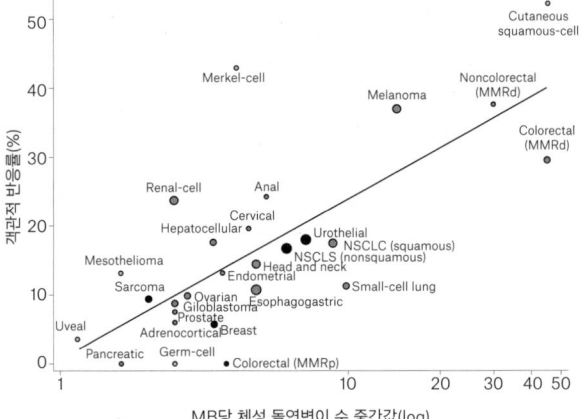

항 PD-1/PD-L1의 암종별 반응률
[출처: M. Yarchoan, A. Hopkins, and E.M. Jaffee, Tumor mutational burden and response rate to PD-1 inhibition, *The New England Journal of Medicine* 377, 2500 (2017).]

해 항 PD-1/PD-L1 항체의 치료 효능을 발표한 결과를 정리해, TMB와 암 치료 효능 사이의 관계를 조사했다. 2017년, 연구팀은 TMB와 항 PD-1/PD-L1 항체 반응 사이에 강한 양의 상관관계가 있음을 *NEJM*에 발표했다. 이미 발표된 데이터를 모아 사람들이 예상하던 결과를 실증적으로 보여주는 것만으로 의학계 최고의 저널에 실린 것이었다. 이 논문이 발표되면서부터 TMB가 항 PD-1/PD-L1 치료에서 주요 바이오마커로 사용될 수 있다는 점이 본격적으로 논의되기 시작했다.

TMB를 측정하는 데는 시간과 비용이 많이 들어간다. 바이오마커로는 부담스러울 수 있는 TMB를 임상시험 바이오마커로 적극 도입한 것은 BMS였다. BMS는 TMB를 바이오마커로 하여 비소세포폐암 1차 치료제에 다시 도전했다. 그러나 TMB가 높은 환자와 낮은 환자 사이의 치료 효능 사이에 통계적 유의미성을 찾지 못했다. TMB를 임상시험 바이오마커로서 쓸 수 있을 것인지는 아직 논란이다.

혈액

지금까지 이야기한 바이오마커는 모두 종양 조직을 이용해 측정하는 것이었다. 종양 조직에는 정보가 많지만 구하기가 어렵다. 환자가 수술을 했다면 꽤 큰 종양 조직을 얻을 수 있다. 그러나 바이오마커 검사를 하려고 종양 조직을 얻는다면 최소한의 조직만 추출하게 된다. 그런데 종양은 부위별로 균일하지 않으므로, 추출한 종양 조직이 전체 종양에 대한 정보를 얼마나 대변할 수 있을지가 문제된다.

이런 이유로 혈액을 바탕으로 바이오마커를 개발하려는 노력이 활발하다. 혈액은 종양 조직과는 달리 수시로 얻을 수 있다. 이는 시간에 따른 변화를 살펴보기에 좋다. 우선 혈액 안에 있는 여러 면역세포를 이용하는 방법을 상상해볼 수 있다. 특정 유형을 가진 세포의 수, 두 종류의 세포의 비율을 등을 볼 수도 있을 것이다. 한편 환자가 면역항암 치료제를 처방받기 전과 후의 혈액을 비교해 치료에 따른 면역세포의 변화를 볼 수도 있을 것이다. 이렇게 면역항암 치료제에 대한 반응군과 미반응군 사이의 혈중 면역세포 차이를 이용한 바이오마커 개발이 진행 중이다.

다음으로 혈액 내 적은 양이 있는 순환 종양세포(Circulating tumor cell, CTC)나 순환 종양 DNA(Circulating tumor DNA, ctDNA) 엑소좀(Exosome) 등을 액체 생검(Liquid biopsy)으로 분석하는 방법이 있다. 다만 양이 너무 적다는 것이 문제다. 예를 들어 혈액 안에 있는 CTC는 면역세포 100만 개에 1개 정도 있다. 이렇게 조금밖에 없는 물질을 추출해 분석하는 것은 기술적으로 어렵다. 그럼에도 기술의 발달은 액체 생검으로 TMB나 MSI 등을 검사하는 것이 가능해질 수 있게 도왔다. 임상시험에서의 유효성도 검증 단계다.

마이크로바이오타

우리는 천문학적 숫자의 미생물과 공생하는데, 미생물

가운데 다수는 장에 있다. 이러한 미생물 균총을 마이크로바이오타(Microbiota)라고 한다. 2016년까지만 해도 우리 몸에 사람 세포보다 10배 정도 많은 숫자의 박테리아 세포가 있을 것이라고 보았다. 이 정도 숫자면 내 몸이 내 것인지 아니면 거대한 인큐베이터인지 정체성이 흔들리기에 충분했다.

2016년 론 밀로(Ron Milo) 박사 연구팀은 숫자를 다시 계산했다. 사람 세포 수와 사람 몸에 살고 있는 박테리아 세포 수가 비슷다는 결론을 내렸다. 『플로스 바이올로지(*PLoS Biology*)』에 실린 이 연구 결과 덕분에 정체성의 혼란은 어느 정도 막을 수 있었지만, 여전히 많은 수의 미생물이 우리 몸에 있다는 점만은 바뀌지 않았다.

이렇게 많은 수의 미생물이 우리 몸에 있는데, 이들이 우리 몸에서 아무런 기능도 하지 않는다면 그것이 더 이상할 것이다. 마이크로바이오타는 우리 몸의 거의 모든 기능에 관여하는 것으로 알려져 있다. 특히 외부 물질을 인지하고 반응하는 면역반응에서 마이크로바이오타는 중요한 역할을 맡는다고 한다.

이러한 중요성에도 불구하고 비교적 최근까지 마이크로바이오타가 주목받지 못했던 이유는 연구가 쉽지 않기 때문이다. 마이크로바이오타 연구를 하려면 우선 마이크로바이오타가 없는 실험용 동물이 있어야 한다. 무균 설비에서 태어나 길러진 쥐를 주로 사용하는데, 설비의 구축과 운영의 난이도가 높다. 물론 이를 수행할 수 있는 기관도 적다. 다음으로 마이크로바이오타의 유전 정보를 분석하는 기술이 필요하다. 다행인 것은 유전체 분석 기술이 발달하면서 관련 연구가 활발하게 이루어지고 있다는 점이다. 마지막으로 특정 미생물을 분리하여 체외에서 배양하는 기술이 필요한데, 장내 미생물은 대부분 체외 배양이 어렵다.

마이크로바이오타는 암 발생과 치료에도 중요한 역할을 하고, 환자가 면역항암제에 반응할지에도 중요한 역할을 한다. 사람마다 면역항암제에 대한 반응이 다른 원인 가운데 하나로 장내 마이크로바이오타가 다른 것을 문제로 꼽기도 한다. 현재 면역항암제에 대한 반응군과 미반응군의 마이크로바이오타를 분석해, 반응군 마이크로바이오타의 특성을 규명하는 연구가 활발하다.

마이크로바이오타는 바이오마커로서만 의미를 가지지 않는다. 상상해볼 수 있는 이상적인 적용 가운데 하나로, 면역항암제에 좋은 반응을 유도하는 장내 미생물을 분리해 면역항암제 치료를 받는 환자에게 제공하는 것이 있다. 물론 현재 기술로는 쉽지 않다. 대신 면역항암제에 반응이 좋은 환자의 대변을 반응이 좋지 않은 환자의 장에 이식하는 대변 이식술로 면역항암제의 효능을 높이는 임상시험은 현재 진행하고 있다. 무엇이 좋은지 모르니 통째로 이식하는 것이다. 그러나 대변이식은 패혈증 등의 생명을 위협하는 급성 염증반응이 일어날 수 있어 아직은 위험을 감수해야 한다.

VIII

병용투여 1
선천면역계 활성화

묻지마(?) 병용투여

면역항암제가 효능을 발휘하는 환자가 많지 않으니, 바이오마커를 이용해 면역항암제를 투여할 환자를 선별하는 것은 중요한 일이다. 그렇지만 약이 힘을 발휘할 수 있는 환자를 골라내는 것이 임시방편이라면, 면역항암제가 효능을 보이는 환자의 수를 늘리는 것은 본질적인 것이다. 2010년대 중반, 항 PD-1/PD-L1이 마치 만병통치약인 것처럼 모든 암종에 투여해보는 임상시험이 진행되었지만 반응률은 평균 20% 정도였다. 반응이 좋은 흑색종도 40% 이내의 환자에게만 효과가 있었다. 항 PD-1/PD-L1 항체 단독투여로는 한계가 뚜렷했다.

항 CTLA-4 항체, 항 PD-1 항체를 모두 가진 BMS는 두 치료제를 병용투여해 전이성 흑색종 환자의 치료율을 50% 이상으로 높이는 방법을 찾았다.(*NEJM*, 2015) 두 항체의 작용 메커니즘이 달랐기 때문에 가능한 시너지였다. 2015년 BMS는 전이성 흑색종 환자의 치료제로 옵디보®와 여보이®의 병용투여 요법의 FDA 승인을 받았다. 문제는 독성이었다. 두 치료제를 병용투여하면 치료 효능이 높아졌는데, 독성도 함께 커졌다. 일반적으로 약의 치료 효능과 부작용은 동전의 양면과 같아 떼어서 보기 어렵다. 특히 면역항암제의 경우 항암 효능이 올라가면 자가면역질환 가능성이 올라간다.

어쨌건 병용투여 임상시험은 빠르게 늘고 있다. 병용투여는 이미 있는 약과 항 PD-1/PD-L1 항체를 환자에게 함께 투여하는 것으로 기술적으로는 문제가 없다. 2018년 3월 『사이언스』에는 "Too many of a good thing?"이라는 제목의 기사가 실렸다. 병용투여 임상시험이 지나치게 많이 진행되고 있음을 비판하는 내용이었다. 항 PD-1/PD-L1 항체와 다른 항암 치료 요법을 함께 진행하는 새 임상시험이 2009년에는 1개였는데, 2017년에는 469개로 늘었다. 임상시험에 참여하는 환자의 수도 빠르게 늘었다. 2009년에는 임상시험에 새로 참여한 환자가 136명이었으나, 2017년에는 5만 2,000여 명 이상으로 늘었다. 극단적인 경우지만 임상시험에 참여시킬 환자를 구하지 못해 임상시험을 멈추는 경우도 있다. 임상시험을 빨리 마쳐 신약을 시장에 내놓으려는 제약기업의 과열된 병용투여 분위기에 대한 비판의 목소리도 들린다. 당분간 혼란은 어쩔 수 없겠지만, 이럴 때일수록 다시 '원리'로 돌아가야 한다. 면역항암 치료 이론인 암-면역 사이클로 돌아와 생각해보자.

면역관문억제제는 림프절에서 새로 온 T세포를 활성화시키고, 종양에서 T세포의 항 종양 활동을 강화한다. 그렇다면 면역관문억제제의 효능이 미미한 경우는 왜일까? 우선 림프절에 T세포를 활성화시킬 수 있는 수지상세포가 별로 없는 경우를 생각해볼 수 있다. 수지상세포의 항원 제시 없이는 T세포 활성화도 없으니, 활성 강화는 아무 의미가 없을 것이다. 다음으로 림프절에서 활성화된 T세포가 혈관을 거쳐 종양 조직으로 이동하는데, 이동에 이상이 생길 수 있다. 마지막으로 종양 조직에 도착한 T세포가 PD-L1이 아닌 다른 면역관문에 막히거나, 종양 조직의 강력한 면역억제 메커니즘 때문에 제 기능을 못할 수도 있다.

이 세 가지 경우를 중심으로 여러 병용투여 전략을

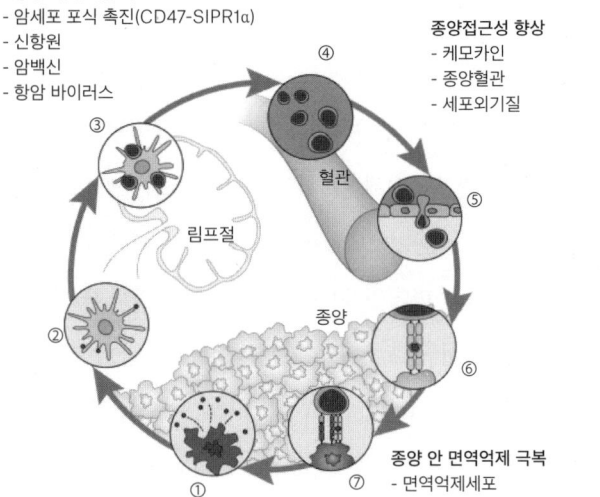

암-종양 사이클을 바탕으로 한 면역관문억제제의 병용투여 전략
[출처: D.S. Chen, and I. Mellman, Oncology meets immunology: the cancer-immunity cycle, *Immunity* 39, 1 (2013). 활용]

살펴볼 예정이다. 물론 이러한 구분은 개념적인 구분이고, 실제 환자 가운데 항 PD-1/PD-L1 항체에 내성을 보이는 환자가 이 세 가지 분류 가운데 어디에 속하는지 뚜렷하게 구분할 기준은 아직 없다.

현재 많이 사용하는 분류로는 병리학적 분석이 있다. 종양 조직에 침투한 T세포의 양을 분석해, T세포가 상대적으로 많으면 '민감성 종양(Hot tumor)', 적으면 '불응성 종양(Cold tumor)'으로 나눈다. 그러나 이러한 분류는 현상에 따른 분류로 메커니즘을 바탕으로 해 치료제 개발 전략을 짜는데는 큰 도움이 안 된다. 2019년 현재 기준, 암 조직의 유전체를 분석하는 등 좀더 세분화된 종양-면역 유형을 구분하는 작업이 활발하다. 따라서 여기에서는 암-면역 사이클에 있는 개념적인 구분을 기준으로 하는 전략을 살펴보려 한다.

면역원성 세포사멸

성인은 보통 하루에 약 1×10^9개의 정상 세포가 새로 생기고 사라진다. 이는 일상적으로 일어나는 몸속 항상성 유지 작용으로, 특별한 면역반응이 일어나지 않는다. 정상 세포가 죽으면서 강력한 면역반응을 일으킨다면 자가면역질환로 이어질 수 있기 때문이다. 반면 감염된 세포나 암세포 같은 비정상 세포가 죽으면서 면역반응을 일으킬 수 있다면 바람직할 것이다. 실제 급성 감염은 강한 염증반응을 불러온다. 이렇게 면역반응을 일으키며 세포가 죽는 것을 면역원성 세포사멸(Immunogenic cell death, ICD)이라고 한다.

세포가 사멸하면서 면역반응이 일어나려면 세포가 비정상적인 상황에서 사멸되었음을 알리는 위험연관분자패턴(Danger associated molecular pattern, 이하 DAMP) 방출이 선천면역계를 활성화시켜야 한다. 세포나 조직이 손상되면, 손상된 세포 내부의 물질들이 세포 밖으로 방출된다. 이 물질들 가운데 일부가 DAMP로 작용한다. 대표적인 DAMP로는 칼레티쿨린(Calreticulin), HMGB1(High-mobility group box 1), ATP 등이 있다. 세포 안에 있어야 하는 이러한 분자들이 세포 밖에 있다는 것은 해당 조직에 상처가 났거나 위험한 상황에서 세포가 죽었다는 뜻이다. 죽어가는 종양세포에서 방출된 DAMP는 수지상세포를 종양세포로 유인하고, 종양세포 포획과 활성화를 유발한다. 종양 항원을 포획한 활성화된 수지상세포는 림프절로 가서 T세포를 활성화시킨다. 그러므로 종양세포의 면역원성 세포사멸은 종양에 대한 면역반응의 시작점이라 할 수 있다.

면역원성 세포사멸은 기존 항암 치료법과 면역항암제를 병용투여할 때 검토해야 할 사항이기도 하다. 기존 항암 치료법은 암세포를 직접 죽인다. 이때 면역원성 세포사멸을 유발할 수 있다면, 면역항암제의 효능을 끌어올릴 수 있다. 이런 차원에서 여러 항암제를 대상으로, 종양세포의 면역원성 세포사멸을 유도하는지 여부를 시험하고 구분하는 작업도 이루어지고 있다.

면역원성 세포사멸은 기존 항암제의 최적 투여 용

량을 바꿀 수도 있다. 기존 항암 치료법은 암세포를 최대한 많이 죽이는 것이 목표였다. 이때의 기준은 '환자가 견딜 수 있는 만큼'이었다. 그러니 항암 치료 과정에서 면역세포가 함께 손상되는 경우가 많았다. 따라서 암세포의 면역원성 세포사멸을 유도하고, 면역세포는 덜 손상되는 최적화된 투여 용량과 투여 방법을 고민해야 한다.

방사선 치료도 마찬가지다. 앱스코팔(Abscopal) 효과는 여러 종양 조직 가운데 한 곳에 방사선 치료를 하는 것으로 다른 종양 조직에서 치료 효과를 보는 것이다. 이러한 효과는 면역반응을 매개로 한다고 알려져 있다. 앱스코팔 효과를 최대화하려면 방사선의 양과 조사 주기 등의 치료 기간을 새로 정해야 한다.

면역원성 세포사멸은 세포사멸 이후 면역반응을 유발하는가가 핵심이다. 종양 조직 안의 면역반응에는 여러 요인이 영향을 미치므로, 어떤 방법으로 종양 안의 면역원성 세포사멸을 극대화할 것인가 결정하는 것은 어려운 문제다. 세포가 사멸할 때 DAMP를 방출하는 것이 중요하지만, DAMP 방출이 면역원성 세포사멸을 보장하지는 않는다. 심지어 어떤 경우에는 DAMP 방출이 면역반응의 억제로 이어진다는 보고도 있다.

종양에서의 면역반응은 복잡하다. 단면적으로 결정되기보다는 특정 맥락을 확인할 필요가 있다. 면역원성 세포사멸 분야의 권위자로 평가받는 로렌조 갈루치(Lorenzo Galluzzi) 박사와 귀도 크뢰머(Guido Kroemer) 박사 연구팀은 2017년 『네이처 리뷰 이뮤놀로지(*Nature Reviews Immunology*)』에 "Immunogenic cell death in cancer and infectious disease"라는 제목으로 리뷰 논문을 발표했다. 여기에 상하이 자오퉁 대학 치앙 시아(Quiang Xia) 박사 연구팀이 "Immunosuppressive cell death in cancer"라는 제목으로 반론을 내고, 원저자들은 다시 반박하는 글을 냈다. 이는 면역원성 세포사멸을 실제로 정확하게 정의하는 것의 어려움을 보여준다. 좀 더 많은 기초 연구가 이루어져야 한다.

종양 안 수지상세포

여러 식세포(Phagocytes)는 죽은 종양세포를 잡아먹는다. 어떤 식세포가 잡아먹는가에 따라 이어지는 면역반응도 달라질 수 있다. 종양 조직 안에는 여러 종류의 대식세포와 수지상세포가 있다. 이들은 대부분 혈액을 타고 종양 조직으로 들어온다. 이들은 종양 조직의 여러 세포들과 상호작용을 하면서 독자적인 기능을 가진 세포로 분화되기도 한다. 유래가 다양한 식세포 가운데 어떤 것들은 종양에 대한 면역반응을 일으키지만, 어떤 것들은 종양에 대한 면역억제를 유발하기도 한다. 여러 종양 내 식세포들의 기원, 분류, 기능에 대해서는 현재 연구가 진행되고 있다.

여기서는 수지상세포를 이용한 면역항암제 개발 분야에서 가장 주목받는 cDC1(conventional Dendritic cell 1)을 간단히 살펴보자. cDC1은 전사인자인 Bat-f3(Basic leucine zipper ATF-Like transcription factor 3)과 더불어 CD141(쥐에서 CD103) 수용체를 발현한다.

캘리포니아 주립대학 매튜 크루멜(Matthew Krummel) 박사 연구팀에 따르면 cDC1은 종양 조직 정보를 가지고 림프절로 이동해 나이브 T세포를 활성화시키고, (*Cancer Cell*, 2016) 종양 조직에 있는 효과 T세포를 재활성화시켜 암세포 사멸을 촉진하기도 한다.(*Cancer Cell*, 2014) 이렇게 교과서적인 수지상세포의 기능을 발현하는 cDC1을 중요하게 바라보는 것 자체가 종양 조직의 비정상적인 측면을 보여주는 것이라고 할 수 있다. 보통 고형암에서 cDC1 숫자는 많지 않지만, 암 환자의 예후와 면역항암 치료제 반응에 중요하게 작용한다. 그렇다면 종양 안에서 cDC1의 숫자를 조절하는 요소는 무엇일까?

2018년 『셀』과 『네이처 메디신』에 종양 내 NK세포가 다양한 케모카인을 발현하여 cDC1 등 수지상세포의 종양 조직 유입을 늘린다는 내용이 소개됐다. 종양 안의 NK세포는 암세포를 인지해 죽일 뿐 아니라, 수지상세포를 불러와 T세포에 의한 항 종양면역반응을 유발하기도 하는 것이다. NK세포가 암과의 전쟁에서 최전선

보초병 역할을 하는 점을 생각하면, NK세포가 암세포를 제거하면서 수지상세포를 통하여 추가 병력을 요청하는 것은 어쩌면 당연한 구조인지도 모른다. 예상했던 것이지만, 면역체계에 대한 이해는 점점 더 복잡해지고 있다.

CD47: 대식세포의 면역관문

대식세포의 암세포 포식은 암세포를 없애는 중요한 항암작용이다. 한편 대식세포의 포식작용이 정상 세포를 대상으로 이루어질 경우, 정상 조직이 파괴되고 세포가 결핍되는 등의 문제가 생길 수 있다. 따라서 포식작용을 조절할 필요가 있다.

대식세포나 수지상세포처럼 포식작용을 하는 세포는 SIRPα를 발현하고, 대부분의 세포는 CD47을 발현한다. CD47은 포식작용을 하는 세포에 SIRPα로 신호를 보낸다. '나를 잡아먹지 마세요!'라는 신호다. 정상 세포 입장에서는 잡아먹히느냐 마느냐 문제이므로, CD47과 대식세포의 SIRPα 상호작용은 꽤 중요하다. 특히 적혈구와 대식세포 사이에 CD47/SIRPα 상호작용이 없다면, 몸속 적혈구는 비장 등에서 파손될 것이고 우리는 만성 빈혈에 시달릴지도 모른다.

그런데 암세포도 CD47을 발현해 '나를 잡아먹지 마세요!'라며 신호를 보낸다. 심지어는 CD47을 과도하게 발현하기도 한다. 즉 CD47은 대식세포의 포식 활동에 대한 면역관문이다. 미국 스탠퍼드 대학 어빙 와이스만(Irving Weissman) 박사 연구팀은 CD47-SIRPα 상호작용을 차단하는 항체인 항 CD47 항체를 개발했다. 항 CD47 항체는 대식세포의 암세포 포식을 증진시켰다.(*PNAS*, 2012)

항 CD47의 작용 메커니즘을 연구하면서 CD47 항체의 Fc 부분이 중요하다는 것을 알았다. 항 CD47이 CD47-SIRPα 상호작용을 막을 뿐만 아니라, 대식세포 Fc 수용체를 통한 신호전달로 대식세포의 포식작용을 강화하는 것이었다. 이런 흐름에서 SIRPα에 Fc를 붙인 단백질을 CD47 항체 대신 쓰는 연구도 진행되고 있다. 또한 Fc 수용체와 시너지를 일으키는 메커니즘을 이용하면, 암세포가 발현하는 수용체를 표적으로 하는 리툭시맙(Rituximab)이나 세툭시맙(Cetuximab)과 병용해 치료 효능을 높일 수도 있다.

CD47-SIRPα이 단순히 종양 조직에서 종양세포 포식을 강화하는 것이 아니라, 종양세포의 항원제시와 림프절에서의 종양 특이적 T세포 활성화까지 유발한다는 실험 결과가 보고되면서 CD47-SIRPα은 더 주목받고 있다.(*Nature Medicine*, 2015) 나아가 CD47을 '대식세포의 면역관문'이라고 부르는 것이 적합하지 않다는 의견도 있다. 조직의 항원 정보를 가지고 림프절로 이동하여 T세포의 활성화를 이끄는 것은 수지상세포의 역할이기 때문이다.

사실 대식세포와 수지상세포는 표현형이 다양해 엄밀하게 구분하기가 어렵다. 심지어 연구자에 따라서는 같은 종류의 세포를 대식세포와 수지상세포라고 다르게 부르기도 한다.

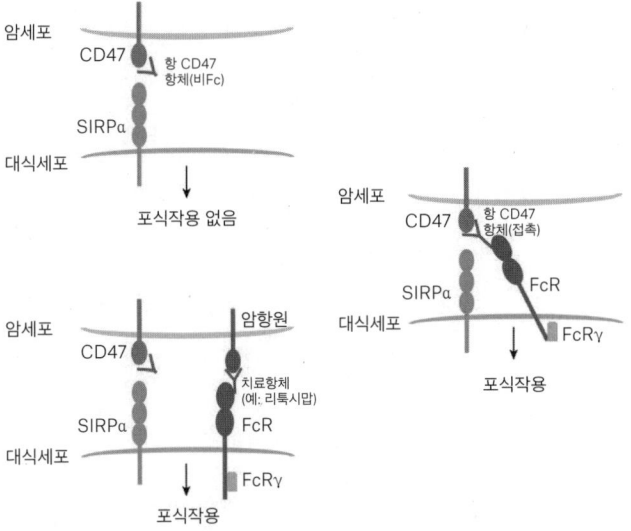

CD47을 바탕으로 한 대식세포의 포식 메커니즘
[출처: Veillette and Chen, *Trends in Immunology* 39, 173 (2018).]

어쨌든 CD47 차단 면역관문억제제가 개발 당시 노렸던 것보다 더 많은 작용을 하는 것은 분명하다. 이는 면역 시스템의 복잡성을 고려해볼 때 놀라운 것은 아니다. CD47 차단제가 암-면역 사이클 초기 반응에 수지상세포 활성이 관여한다는 점에서 T세포 활성을 증진하는 기존 면역관문억제제인 PD-1, PD-L1 항체와도 병용할 경우 시너지를 낼 수 있을 것으로 기대하고 있다.

신항원

암 항원은 유전자 변이가 일어난 암에만 있는 '암 신생 항원(Cancer neoantigen, 이하 신항원)'과 정상 세포에서도 발현하지만 암세포에 더 많이 있는 ERBB2, CD19, 메소텔린(Mesothelin)과 같은 '종양 연관 항원(Tumor associated antigen, TAA)'으로 구분할 수 있다.

종양 연관 항원은 암종별로 어느 정도 공통된 항원

이다. 따라서 표적하는 것이 쉽지만, 정상 세포에서도 발현하므로 강한 면역반응을 일으키기가 쉽지 않다. (물론 강한 면역반응을 일으키면 자가면역질환이 일어날 수 있지만 말이다.) 신항원은 강한 면역반응을 일으킬 수 있으며, 자가면역질환이 생길 부담이 없어 이상적인 종양 표적 항원이다. 신항원이 생기려면 변이가 일어난 유전자가 단백질을 만들고, 만들어진 단백질의 변형 부위가 8개 정도의 아미노산으로 이루어진 펩타이드 형태로 세포 내부에서 절단되어, HLA에 전시되어야 한다.

신항원이 장점은 많지만 면역항암 치료제 개발로 활발하게 이어지지 않는 이유는, 신항원 발견이 기술적으로 어렵기 때문이다. 바이러스 감염으로 생기는 자궁경부암, 일부 두경부암 및 간암 등은 바이러스 항원이 곧 신항원이므로 상대적으로 쉽게 신항원을 발견할 수 있다. 그러나 정상 세포가 유전자 변이를 일으켜 생기는 암에서는 신항원을 발견하는 데 비용과 시간이 많이 필요하다. 또한 넘어야 할 기술적 장벽도 높다.

신항원을 찾으려면 우선 종양변이부담을 측정할

때처럼 전장엑솜분석을 해야 한다. 시간과 비용이 많이 들어가지만 2010년 이후 DNA 시퀀싱 기술이 발전하면서 임상에서 사용할 수 있는 정도가 되었다. 남은 것은 단백질 변이 부분이 HLA에 의해 신항원으로 제시될 것인가는 알 수 있는 방법이다.

2014년, 제넨텍의 레리아 들라마레(Lelia Delamarre) 박사 연구팀은 신항원 예측과 분석 방법론에 대한 틀을 제시하는 논문을 『네이처』에 발표한다. 환자 암세포 HLA가 제시하는 항원 펩타이드는 질량분석법(Mass spectroscopy)으로 분석할 수 있다. 단 이 가운데 다수는 신항원이 아닌 정상 펩타이드 항원이다. 어떤 것이 신항원인지 골라낼 수 있어야 한다. 한편 전장엑솜분석으로 찾아낸 변이 단백질이 환자 HLA에 신항원으로 제시가 가능한지를 컴퓨터 프로그램을 이용해 예측할 수도 있다. 이렇게 실험적으로 찾아낸 펩타이드, 전장엑솜분석과 컴퓨터 프로그램으로 찾은 신항원 후보를 비교하면 서로 일치하는 펩타이드를 찾을 수 있다. 마지막으로 이렇게 찾은 펩타이드가 환자 T세포 활성화를 유도할 수 있는 신항원인지를 실험적으로 검증한다.

이 과정에서 가장 많이 개선되어야 할 부분은 단백질 특정 부위가 HLA에 의해 제시될 것인지 예측하는 컴퓨터 프로그램이다. 컴퓨터 알고리즘은 머신러닝 등으로 구현하는데, 정교한 실험결과가 있어야 예측 알고리즘을 획기적으로 개선할 수 있다. 사람에게는 약 5,000종류가 넘는 MHC-I이 있다. 한 가지 HLA에 대한 알고리즘을 정학하게 개발하는 것도 쉽지 않은데, 5,000개가 넘는 HLA에 대한 대책이 있어야 한다. 국가별, 인종별 주요한 HLA 유형이 있으므로, 각 국가별로 주요 HLA 유형에 대한 예측 최적화 프로그램을 개발하는 것도 한 방법일 것이다.

HLA의 다양성만큼 신항원을 바탕으로 하는 암치료제 개발의 걸림돌은 종양 유전자 변이의 복잡성이다. 암의 유전자 변이는 암 유발 변이(Cancer driver mutation)와 일과성 변이(Passenger mutations)로 나눈다. 암 유발 변이는 비슷한 암종의 환자들에게서 어느 정도 공통적으로 나타나지만, 일과성 변이는 환자 특이적이다.

암 유발 변이에서 유래하는 신항원은 암종이 비슷하고 HLA가 같은 환자들이면 어느 정도 공통적으로 나타날 것이다. 데이터베이스 구축으로 활용 방법을 찾을 수 있을 것이다. 그러나 일과성 변이에서 유래한 신항원은 환자마다 천차만별이다. 환자별로 새롭게 찾아야 한다. 안타깝게도 지금까지 알려진 신항원 가운데 꽤 많은 부분은 일과성 변이에서 유래한 것이다.

풀어야 할 문제가 많기는 하지만 환자 특이적 신항원은 두 가지 면역항암 치료법으로 활용할 수 있을 것이다. 먼저 종양 특이적 T세포를 이용한 입양세포 치료법이다. 신항원 특이적인 T세포를 환자의 종양침투림프구나 혈액 내 T세포에서 분리해, 환자 몸 밖에서 증폭하는 것이 가능하다. 과감한 임상시험을 해오고 있는 미국 국립보건원 로젠버그 연구팀은 관련 연구를 활발하게 진행하고 있다.

또 다른 방향은 '암백신'이다. 암백신은 2000년대 임상시험에서 크게 실패했다. 실패한 원인 가운데 하나가 '항원 선별의 문제점'이라고 한다면, 신항원을 바탕으로 한 암백신에는 가능성이 있을 것이다. 신항원을 이용한 암백신은 흑색종, 신경교모종 등에서 희망적인 임상시험 결과를 보여주고 있다.

암백신

백신은 특정 질병에 대한 면역반응을 먼저 유발해 면역기억을 만들고, 질병이 발병할 것을 예방하기 위해 개발되었다. 면역반응을 유발하는 과정에서 병원균을 그대로 사용하면 위험할 수 있어, 완전히 죽이거나 활성을 억제한 병원균을 보조제와 함께 투여한다. 백신은 가장 성공한 면역 치료제이다. 백신 덕분에 홍역, 백일해, 소아마비, 풍진, 파상풍 등의 질병을 지구상에서 거의 사라지게 할 수 있었다. 암백신도 암을 고치는 궁극적인 치료제가 될 것이라고 기대하는 데는 이유가 있다.

암백신은 기존 백신과는 달리 예방보다 치료를 목표로 개발되고 있다. 암 항원의 종류가 너무 다양해 예방은 어렵기 때문이다. 대신 암에 걸린 환자의 암 항원에 강한 면역반응을 유도해 암을 치료하고, 나아가 재발이나 다른 곳으로 전이되는 것을 막는 것이 목표다.

그러나 쉬운 일은 없다. 2000년대 들어 Canvaxin®(CancerVax), MyVax®(Genitope Corp), GVAX®(Cell Genesys) 등 대부분의 암백신 개발 시도가 실패했다. 덴드레온(Dendreon)의 전립선암 치료제 프로벤지®(Provenge®, 성분명: Sipuleucel-T)만 유일하게 암 치료 백신으로 미국 FDA의 승인을 받았다. 프로벤지® 치료는 환자 혈액에서 수지상세포를 추출하여 전립선암 항원인 PAP(Prostatic acid phosphatase)와 수지상세포 성장인자인 GM-CSF를 처리한 후 환자에게 주입하는 방식으로 이루어진다. PAP는 전립선암에서 과발현되는 종양 연관 항원이며, GM-CSF는 수지상세포의 활성을 증진시킨다. 프로벤지®는 전이성 전립선암 등에 승인을 받았으나 가격이 상대적으로 비싸고(약 10만 달러) 효능은 제한적이라 많이 사용되지 않는다.

2000년대에 실패한 암백신 개발 프로젝트는 모두

합리적인 면역학적 메커니즘을 바탕으로 했다. 전임상 시험에서 좋은 결과를 보여 실패는 더 충격적이었다. 암백신의 경우 제형(Formulation)과 메커니즘이 복잡하고, 실패한 임상시험의 원인을 분석하는 연구가 드물기 때문에 실패한 원인을 아직 정확하게 모른다. 다만 세 가지 측면에서 암백신 개발을 계속 밀고나갈 가치는 있다.

첫째, 암백신은 면역관문억제제와 서로 보완적이다. 면역관문억제제가 T세포를 활성화시킨다면, 암백신은 수지상세포의 항원제시 및 기능을 강화한다. 둘째, 연구자들의 노력으로 암 항원에 대해 점점 더 많이 알아가고 있다. 특히 신항원 도입은 암백신 개발에 새로운 돌파구가 될 수 있다. 셋째, 백신의 전달 방법이 개선되고 있다. 백신은 제형이 복잡해 제형을 구성하는 성분들이 어떤 방식으로 생체에 전달되는가에 따라 효능이 달라질 수 있다. 생체 재료를 이용한 약물전달 기술을 쓰면, 여러 백신 성분의 생체 안 시공간적 분포를 조절할 수 있고, 암백신 효능도 극대화시킬 수 있을 것으로 보고 있다. 암백신 자체가 다양하니 여러 조성과 제형으로 구성될 수 있다. 여기서는 암백신의 핵심 요소인 종양 항원, 제형, 보조제(Adjuvant), 전달체(Delivery vehicle) 등 몇 가지 것만 간략히 소개하겠다.

종양 항원에는 종양 연관 항원와 신항원이 있다고 했다. 2000년대 암백신 개발에는 주로 종양 연관 항원을 사용했고, 이것을 임상시험 실패의 주요 이유로 보기도 한다. 종양 연관 항원은 정상 세포를 보호하는 면역 관용(Immune tolerance) 메커니즘으로, 강한 면역반응을 일으키기 어렵기 때문이다. 유전자 시퀀싱 기술의 발달로 신항원을 예측하는 것이 기술적으로 가능해지면서, 신항원 바탕의 암백신 개발이 활발해졌다. 미국 다나 파버 암 연구소의 캐서린 우(Catherine Wu) 박사 연구팀은 흑색종에서 의미 있는 임상 결과를 2017년 『네이처』에 발표했다. 같은 연구소의 데이비드 리어든(David Reardon) 박사 연구팀도 신경교모종(Glioblastoma) 임상시험에서 성공적인 T세포 활성화를 유도해 2019년 『네이처』에 발표했다.

암백신 치료제 개발에서 '제형'은 중요하다. 제형은

크게 암세포를 직접 이용하거나, 암세포 정보를 분석해 얻은 종양 항원만을 이용하는 분자 기반 제형으로 나뉜다. 암세포를 직접 이용하면 종양 항원 분석을 따로 하지 않고, 다양한 종양 항원을 모두 포함할 수 있다는 장점이 있다. 그러나 암세포에는 종양 항원뿐만 아니라 정상 세포에서도 발현되는 자가 항원(Self antigen)이 있고, 보통은 종양 항원보다 자가 항원의 양이 압도적으로 많다. 그러므로 암세포를 그대로 이용하면 자가 항원에 희석되어 종양 항원을 향한 면역반응이 약화될 수 있다. 또한 자가 항원에 대한 면역반응이 자가면역질환을 유발할 수 있다.

특정 종양 항원을 표적으로 하는 암백신은 종양 항원 분자를 찾아내 화학적으로 합성하는 과정이 추가로 필요하지만, 높은 농도의 잘 정의된 종양 항원에 대한 면역반응을 유발할 수 있다는 장점이 있다. 종양 항원은 DNA, mRNA, 단백질, 펩타이드 등의 여러 생분자 형태로 제조될 수 있다. DNA가 mRNA를 거쳐 단백질로 발현되고, 단백질이 가공되어 펩타이드로 MHC 분자를 거쳐 제시되므로, 여러 형태의 생분자가 모두 종양 항원을 수지상세포가 전시하도록 하는데 사용될 수 있는 것이다. DNA 백신은 꽤 오래전부터 개발되어 왔으나, 전반적으로 효능이 좋지 않았다. 단백질 백신은 항원제시 과정으로 다양한 항원을 생성할 수 있다는 장점이 있지만, 재조합 단백질로 생산하는 단가가 비싸다.

현재 가장 활발하게 사용하는 것은 펩타이드를 바탕으로 하는 백신이다. 다양한 TCR이 있는 T세포의 면역반응을 유도하기 위해 여러 펩타이드 항원을 섞어서 사용한다. 20~30개의 아미노산으로 이루어진 펩타이드로 항원제시 가능성을 높이기도 한다. mRNA를 바탕으로 하는 백신 연구도 활발하다. mRNA는 발현이 일시적이라 안전하고, 다양한 펩타이드 항원을 포함할 수 있으며, 자체적으로 면역원성을 가져 이상적인 항원 제형이 될 수 있다.

암백신을 만들 때는 보조제도 중요하다. 보조제는 수지상세포를 강하게 자극하거나, 국소 부위에서 염증반응을 일으키는 등 특정 항원에 대한 면역반응을 강화하는 역할을 한다. 보조제로는 톨 유사 수용체(Toll-like receptor, 이하 TLR) 작용제, 수지상세포 활성화제, STING(Stimulator of interferon gene) 작용제 등을 사용한다.

TLR는 선천면역계가 다양한 병원균의 공통적인 분자 패턴(Pathogen associated molecular pattern, PAMP)이나 위험 상황을 알리는 DAMP 등을 인식하는 데 사용하는 대표적인 수용체다. 수지상세포가 발현하는 많은 종류의 TLR 가운데 TLR3 리간드인 poly(I:C)나 TLR9 리간드인 CpG 등이 암백신의 보조제로 많이 사용되고 있다. 이들 말고도 여러 TLR 리간드를 보조제로 쓸 수 있다. 수지상세포 활성화제는 수지상세포 활성화 수용체인 CD40 등을 직접 표적하는 항체를 말한다. 항 CD40은 수지상세포 활성화와 항원제시 촉진으로 T세포 활성화를 더 강력하게 유도할 수 있게 해준다. STING 작용제는 1유형 인터페론(Type 1 interferon) 생성을 자극한다. 1유형 인터페론 반응은 주로 바이러스 감염에 저항하는 메커니즘으로 연구되었는데, 최근에는 종양미세환경 면역반응에서도 중요한 역할을 한다고 밝혀지고 있다.

전달도 중요하다. 여러 종류의 분자들을 생체 안에서 수지상세포에 정확하게 표적하여 효율적으로 전달하려는 약물전달기술 연구가 진행되고 있다. 하버드 대학 데이비드 무니(David Mooney) 박사 연구팀은 생분해성 고분자 스펀지로 체내 이식형 백신을 개발해 2009년 『네이처 머티리얼즈(*Nature Materials*)』에 발표했다. 이식형 백신은 GM-CSF를 서서히 방출해 몸속 수지상세포를 고분자 스펀지 안쪽으로 끌어들인다. 고분자 스펀지에는 종양세포 용해물(Tumor lysate)과 보조자극인 CpG를 탑재했다. 고분자 스펀지로 들어온 수지상세포는 종양 항원을 포획하고 활성화되며, 림프절로 이동하여 T세포를 활성화시킨다. 이 기술은 현재 임상시험을 진행하고 있으며, 2018년 노바티스에 기술이전해 상업화를 추진하고 있다. 이외에도 다양한 형태의 나노 입자나 이식형 구조체를 이용한 백신 전달기술이 개발되고 있다.

항암 바이러스

항암 바이러스(Oncolytic virus)는 감염으로 암세포를 죽이는 바이러스다. 바이러스 감염이 때때로 암을 치료한다는 것은 1900년대 초에 이미 관찰되었다. 그러나 콜리의 독소와 마찬가지로 메커니즘이 명확하지 않아 주목받지 못했다. 이후 자연계에 있는 바이러스로 항암 치료를 하는 것이 드물게 시도되었으나 효능이 적어 역시 주목받지 못했다. 2000년대 들어 바이러스 유전자를 정교하게 조작하는 기술이 개발되고, 종양면역학이 발달하면서 항암 바이러스 작동 메커니즘이 명확해지면서, 면역항암 치료제로서 항암 바이러스의 개발이 본격화되었다. 처음으로 미국 FDA 승인을 받은 항암 바이러스는 온코벡스(OncoVex)의 T-VEC(Talimogene laherparepvec)으로, 2015년부터 흑색종 치료에 사용되고 있다.

항암 바이러스는 암세포를 죽일 뿐만 아니라 종양 조직 안에서 면역반응도 일으킨다. 우선 암세포의 면역원성 세포사멸을 유발한다. 또한 바이러스에 대한 면역반응으로 1형 인터페론의 발현이 증가하기도 한다. 이런 여러 면역반응의 결과로 불응성 종양(Cold tumor)이 민감성 종양(Hot tumor)으로 바뀌기도 한다.

단 항암 바이러스에 대한 면역반응이 항암 효능에 반드시 좋기만 한 것은 아니다. 종양 부위에서 일어나는 면역반응은 종양을 없애니 플러스지만, 면역반응으로 항암 바이러스가 공격받으면 마이너스다. 항암 바이러스를 환자 정맥으로 주입하면, 항암 바이러스가 종양 조직까지 움직여 치료 효과를 나타내기도 전에 면역반응에 의해 없어질 수 있다. 따라서 대부분의 항암 바이러스는 종양 조직에 직접 주입한다. 흑색종 등의 피부암에서는 가능하지만, 대부분의 암은 우리 몸속 깊은 곳에 생기므로 항암 바이러스를 종양 조직으로 전달하는 것은 어렵다.

항암 바이러스 치료제는 암세포를 죽이는 것으로 끝나지 않는다. 바이러스는 숙주(Host)에 기생하며 유전물질을 전달한다. 연구자들은 바이러스의 이런 특성을 이용해 치료제의 유전자를 바이러스 안으로 넣고, 암세포가 해당 유전자를 발현하여 항암 치료 물질을 스스로 생산할 수 있게 하려고 한다. 예를 들어 PD-1/PD-L1 항체를 암세포가 발현하여 분비하도록 만드는 것이다.

IX

병용투여 2
종양 안 면역억제 극복

케모카인

림프절에서 수지상세포에 의해 활성화된 T세포는 혈관을 거쳐 종양 조직으로 이동한다. 온 몸에 퍼져 있는 혈관은 T세포에게 고속도로와 같다. T세포는 혈류를 타고 먼 거리를 빠르게 이동할 수 있다. 이때 혈관에서 면역세포가 빠져나갈 수 있도록 출구 신호 역할을 하는 것이 케모카인(Chemokine)이다.

케모카인은 세포 이동을 제어하는 분자다. 보통 케모카인은 양전하를 띤다. 조직의 세포들이 방출하는 케모카인은 혈관내피세포 표면의 음전하를 띠는 당분자에 붙어 표지되는데, 특정 면역세포가 발현하는 케모카인 수용체에 반응해 특정 조직으로 이동할 수 있도록 유도한다. 마치 고속도로 표지판과 같다.

종양 조직에서 발현되는 여러 종류의 케모카인은 종양미세환경의 성격을 결정할 수 있다. 예를 들어 종양면역반응을 유발하는 T세포나 NK세포가 주로 발현하는 CXCR3 리간드인 CXCL9, 10, 11 등이 종양 조직에서 발현되면, T세포와 NK세포가 종양 조직으로 유입되는 것을 촉진하고 종양에 대한 면역반응을 강화할 수 있다. 반대로 면역억제세포인 골수유래억제세포(Myeloid-derived suppressor cell, MDSC)나 조절 T세포의 유입을 촉진시키는 케모카인이 종양 조직에서 발현되면, 종양에 대한 면역반응을 약화시킬 수 있다. 이에 면역억제세포의 케모카인 수용체를 차단하는 약이 활발하게 개발되고 있으며, 면역관문억제제와 병용하는 임상시험도 진행되고 있다.

케모카인과 케모카인 수용체, 면역세포와 케모카인 수용체는 일대일 대응관계가 아니다. 케모카인 수용체로 특정 세포가 종양 조직으로 유입되는 것을 조절하는 방법에는 한계가 있을 수 있다. 특정 케모카인 수용체를 표적하는 약이 의도하지 않았던 세포에 영향을 미치거나, 반대로 특정 케모카인 수용체를 표적하더라도 다른 케모카인 수용체로 면역억제세포가 종양으로 유입되는 것이 가능하기 때문이다.

종양혈관 정상화

면역세포는 고속도로 표지판 역할을 하는 케모카인을 보고 빠져나갈 혈관을 식별할 수 있다. 그런데 혈관 속 혈류가 너무 빨라, T세포가 종양혈관에서 빠져 나오는 것이 어려울 수 있다. 차들이 빨리 달리는 고속도로에서 초보운전자가 다른 차들 속도 때문에 출구를 놓치는 것과 같다. 따라서 빠른 혈류를 타고 이동하는 면역세포가 혈관을 빠져나가려면 속도를 줄여야 한다. 브레이크를 걸어야 하는데, 브레이크를 걸려면 마찰력이 필요하다. 혈관내피세포는 조직 안에서 염증을 유발하는 물질인 TNF-α, IL-1 등에 반응하여 ICAM-1, VCAM-1, P-selectin, E-selectin과 같은 부착 리간드(Adhesion ligand)들을 발현한다. 이들 부착 리간드는 빠르게 지나가던 면역세포의 속도를 줄여주고, 혈관내피에 부착하거나 혈관 밖으로 빠져나갈 수 있도록 돕는다.

종양 조직과 정상 조직의 혈관은 특성이 다르다. 세포가 빠르게 늘어나 급격하게 자라나는 암 조직은 영양분이 많이 필요하다. 암 덩어리가 커지면 내부에 있는 암세포는 영양분과 산소를 공급받는 데 어려움을 겪는다. 이 문제를 해결하기 위해 종양 조직은 VEGF 등의 신생 혈관 생성 신호(Angiogenesis signal)를 과하게 발현한다. 암 덩어리 곳곳으로 영양분과 산소를 공급할 혈관을 빠르게 그리고 많이 만든다. 이렇게 급조된 종양혈관은 비정상(abnormal)적인 형태를 가진다. 종양 조직의 혈관내피세포는 정상 조직의 혈관내피세포와 모양이 다르고, 세포와 세포 사이의 집합부(junction)도 정상 조직에 비해 느슨한 편이다. 종양혈관에는 혈관을 둘러싸고 있는 혈관주위세포(Pericyte)의 수도 적다.

종양혈관은 이러한 형태적인 결함 뿐만 아니라 기능적인 결함도 많다. VEGF와 같은 신생 혈관 생성 신호에 계속 노출되어, TNF-α 등 염증 사이토카인에 대한 반응이 무디다. 그 결과 부착 리간드의 발현이 낮아 면역세포가 혈관벽을 뚫고 종양 조직으로 이동하는 것이 어렵다.

하버드 의대 주다 포크만(Judah Folkman, 1933~

2008) 박사는 종양 조직에 산소와 영양분을 공급하는 통로인 혈관을 없애 암세포를 굶주리게 만든 후 사멸시키는 항 혈관 생성 치료(Anti-angiogenic therapy) 개념을 제시했다. 이 아이디어는 제넨텍의 나폴레옹 페라라(Napoleone Ferrara) 박사에 의해 구현되었다. 2004년, VEGF-A를 표적으로 한 항체는 FDA의 승인을 받아 아바스틴®(Avastin®, 성분명: Bevacizumab)이라는 치료제로 세상에 나올 수 있었다.

아바스틴®의 효능은 기대만큼 좋지 않았다. 영양분 공급 통로를 없애 암세포가 굶어 죽기를 바라던 처음 생각과 달리, 혈관이 없어지면서 치료 약물이나 면역세포가 종양 조직에 접근하기 어려워지는 문제가 생겼다. 또한 산소의 종양 조직 전달이 저해되어 저산소증(Hypoxia)이 왔는데, 저산소증이 오래될수록 암세포 내성이 강해졌다. 종양혈관을 괴사시키는 것은 득보다 실이 더 클 수 있었다.

이후 하버드 의대 라케쉬 재인(Rakesh Jain) 박사를 중심으로 고용량 투여로 종양혈관을 괴사시키는 대신,

적정량을 투여해 혈관 구조와 기능을 정상화(normalization)해야 한다는 의견이 나오고 있다. 실제 아바스틴®을 저용량으로 적절히 투약 시간을 조절해가면서 치료하면, 혈관 구조와 기능이 돌아와 T세포가 종양 조직으로 침투하는 정도를 늘릴 수 있다는 것을 확인하기도 했다.(*PNAS*, 2012) 항 혈관 생성 치료제는 면역관문억제제와 병용할 때 시너지를 낼 수 있을 것으로 기대된다. 실제로 로슈는 항 PD-L1 항체인 티쎈트릭®과 아바스틴®의 병용투여를 간암 1차 치료제로 사용하는 임상시험에서 긍정적인 결과를 얻고 있다.

2017년, 미국 배일러 의대의 시앙 장(Xiang Zhang) 박사 연구팀은 종양 안의 T세포가 분비하는 IFN-γ가 종양혈관을 정상화시킬 수 있다는 결과를 『네이처』에 발표했다. 면역관문억제제를 처리하였을 때, T세포는 혈관 정상화를 촉진했다. T세포 기능을 강화하니 혈관 정상화까지 이루어진 것이다. 이 결과는 암-면역 사이클 각 단계가 유기적으로 얽혀 있으며, 이 가운데 핵심적인 부분을 해결하면 나머지 부분은 자동으로 해결될 수 있음을 뜻한다.

종양 조직 세포외기질

한편 혈관을 빠져나온 T세포가 종양 조직에 접근하려면 세포외기질(Extracellular Matrix, 이하 ECM)을 통과해야 한다. 종양 조직은 섬유아세포(Fibroblast)가 과도하게 활성화되어 있다. 즉 많은 경우 섬유화(Fibrosis)가 진행되어 있다는 뜻이다. 이렇게 ECM 밀도가 높아지면 T세포 등 면역세포의 접근을 막는 물리적 장벽으로 작용할 수 있다. 종양 조직 주변부의 ECM은 T세포의 이동과 기능을 막는 요소로, 약물 표적이 될 수 있다. 특히 섬유화를 촉진하는 '형질전환 성장인자-β(Transforming growth factor-β, 이하 TGF-β)'에 대한 관심이 높아지고 있다.

2018년 『네이처』에는, 종양 조직으로 T세포가 침투하는 것을 TGF-β가 저해해 면역관문억제제의 효능을 제한하는 주요 요소임을 밝힌 논문 두 편이 발표되었다. TGF-β 저해제는 T세포가 종양 조직에 접근할 수 있게 돕는 방법으로 주목받는다. TGF-β는 종양 조직의 면역억제작용도 해 매력적인 표적이다. 그렇지만 TGF-β의 발현은 종양 조직 이외에도 다양하게 이루어지며, TGF-β가 때로는 암의 전이를 억제하는 역할도 하므로 신중하게 접근해야 한다.

종양 안 면역억제

종양 조직에는 다양한 면역억제 메커니즘이 있다. 면역세포는 암세포 발생을 감시하고, 암세포를 찾아서 죽인다. 면역세포의 이와 같은 면역감시(Immune surveillance)를 회피하고 억제하면서 암은 발달한다. 그러므로 종양 조직의 면역억제와 종양을 제거하려는 면역반응은 서로에 대한 반작용으로 볼 수 있다. 이 대표적인 사례가 종양 조직이 발현하는 PD-L1에 의한 면역억제다.

2013년, 미국 시카고 대학의 토마스 가예브스키

(Thomas Gajewski) 박사 연구팀은 2013년 『사이언스 트랜스레이셔널 메디신(*Science Translational Medicine*)』에 논문을 발표했다. T세포의 종양침투가 PD-L1 발현을 높이고, 면역억제세포인 조절 T세포를 종양 조직으로 불러오는 등 종양미세환경의 면역억제력을 높인다는 내용이었다. T세포가 종양 안에서 일으키는 항암 작용이 음의 되먹임(Negative feedback)으로 T세포의 기능을 억제하는 것이다. 이런 작용은 과도한 면역반응을 억제해 자가면역질환을 막는 메커니즘이다.

종양 조직 안에서 일어나는 면역억제 메커니즘을 막으면, 종양에 대한 T세포의 면역반응을 강화할 수 있다. 종양 조직 안에서 면역억제 기능을 하는 세포와 분자를 간단하게 살펴보자.

종양 안 면역억제세포

종양 조직에는 종양 연관 대식세포(Tumor associated

macrophage, 이하 TAM), 암 연관 섬유아세포(Cancer associated fibroblast, 이하 CAF), 골수 유래 억제세포(Myeloid derived suppressor cell, 이하 MDSC), 조절 T 세포 등 여러 면역억제세포가 있다.

이 가운데 TAM과 CAF는 정상 조직에도 있는 세포가 종양에 의해 바뀐 것이다. 대식세포는 종양세포를 없애고 포식하지만, TAM은 종양의 발달을 돕고 면역을 억제한다. 대식세포는 면역반응을 활성화하는 M1과, 면역반응을 억제하고 조직 재생을 촉진하는 M2로 분극화될 수 있다. 조직이 감염되면 우선 M1이 작용해 강한 면역반응으로 병원균을 없애야 한다. 이 과정에서 조직과 정상 세포도 손상된다. 그러므로 염증반응 후반부에는 M2가 염증을 완화하고 조직을 재생한다.

이처럼 면역의 활성과 억제는 상황에 맞춰 적절히 조절되어야 한다. 1986년, 미국 하버드 의대 해럴드 드보락(Herold Dvorak) 박사는 *NEJM*에 종양을 '낫지 않는 상처(Wound that do not heal)'에 비유한 글을 발표했다. 낫지 않는 상처는 만성 염증을 일으킨다. 만성 염증은 T세포를 탈진시킨다. 대식세포는 M2로 분극화되어 면역을 억제한다. 정상 조직에서 상처를 회복하기 위해 ECM을 만드는 섬유아세포는, 종양 조직에서 CAF가 되어 낫지 않는 상처를 치료하기 위해 지속적으로 ECM을 만들어 섬유화를 유발한다. 섬유화는 T세포가 종양 조직으로 가는 것을 방해한다. 더불어 CAF는 여러 면역 억제물질을 분비하여 항 종양면역을 방해한다. 종양을 낫지 않는 상처를 보면, 종양의 많은 면역억제 특성을 이렇게 설명할 수 있다.

조절 T세포와 MDSC는 종양이 발달하면서 혈관으로 종양 조직에 유입된다. 종양 조직으로 들어오는 이유는, 종양 조직의 과도한 면역반응을 억제하는 항상성 유지 메커니즘 때문이다. 종양 안에서 T세포가 하는 항 종양 활동은 조절 T세포의 유입을 촉진하는 케모카인 발현을 유발한다. MDSC는 건강한 사람에게는 없고, 만성 염증이나 암에 걸린 환자 골수에서 주로 만들어진다. 면역 시스템이 균형을 맞추려고, 염증을 완화하기 위해 골수에서 MDSC를 만들어내는 것이다.

종양 조직 안에서 면역억제세포를 표적하는 전략은 크게 세 가지다. 첫째는, 특정 세포를 직접 표적하여 없애는 것이다. 예를 들어 TAM에 과발현된 수용체인 CSF1R를 표적해 TAM을 없애는 방식이다. 둘째는, 면역억제세포의 특성을 바꾸는 것이다. TLR 자극으로 M2의 특성을 가지는 TAM을 M1으로 바꾸는 것이 대표적이다. 셋째는, 혈관에서 들어오는 것 자체를 막는 것이다.

여러 케모카인 수용체를 표적으로 한 연구가 진행되고 있다. TAM은 가장 오래 연구된 표적으로, 여러 치료제가 2019년 현재 임상시험을 하고 있다. CAF나 MDSC를 선별적으로 표적하는 연구도 활발하다. 반면 조절 T세포는 T세포와 발현하는 수용체가 유사해 표적하기 어렵다.

조절 T세포와 T세포의 표면적 유사성

조절 T세포를 처음 발견한 것은 일본 오사카 대학 사카

구치 시몬(坂口志文) 박사다. 1995년 사카구치는 IL-2 수용체 α사슬인 CD25를 평소에 발현하는 T세포가 면역억제로 자가면역질환을 막는다는 내용을 『저널 오브 이뮤놀로지(Journal of Immunology)』에 발표한다. CTLA-4, PD-1 등이 분자 수준의 면역관문이라면, 조절 T세포는 세포 수준의 면역관문이다. 면역반응이 전혀 없는 평상시에도 조절 T세포가 CD25를 늘 발현한다는 측면에서 CD25가 조절 T세포의 발견에 유용한 표지자가 되었다.

그러나 면역반응이 일어나고 있을 때는 T세포와 NK세포 등도 CD25를 발현하므로 CD25를 치료 표적으로 사용하기에는 선별성이 떨어질 수 있다. CTLA-4도 마찬가지이다. 조절 T세포는 보통 때 CTLA-4를 많이 발현하지만, 활성화된 T세포도 CTLA-4를 발현한다.

T세포와 조절 T세포가 수용체를 발현함에 있어 비슷하다는 점은, 면역항암제가 작용하는 메커니즘을 이해하는 데 어려움으로 작용한다. 조절 T세포가 있다는 것을 알기 전에, 로젠버그가 개발한 IL-2는 T세포뿐

만 아니라 조절 T세포도 활성화시켜 임상시험에서 좋은 효능을 보이지 못했다. 항 CTLA-4는 T세포뿐만 아니라 조절 T세포에도 작용할 수 있다. 2019년, 사카구치가 포함된 일본 연구팀은 *PNAS*에 연구 결과를 발표한다. 항 PD-1 항체가 PD-1을 발현하는 종양 내 조절 T세포를 활성화시킬 수 있으며, 이런 메커니즘으로 항 PD-1이 면역을 억제해 종양의 성장을 촉진하는 과다진행(Hyper progression)을 일으킬 수 있다는 내용이었다. 조절 T세포와 T세포의 뚜렷한 차이는 조절 T세포가 전사인자 FoxP3를 발현한다는 것인데, 전사인자를 표적하는 것은 쉽지 않다.

조절 T세포를 없애면 심각한 자가면역질환이 일어날 수 있다. 종양 조직의 조절 T세포의 특징을 좀더 깊게 이해해, 종양 조직 안에서 조절 T세포를 선별적으로 표적하는 방법을 찾아야 한다.

종양 안 대사활동

암세포는 빠르게 분열한다. 빠르게 분열하려면 영양분이 많이 필요하다. 그런데 종양 조직에 영양분과 산소를 공급하는 혈관이 만들어지는 속도는, 암세포가 성장하는 속도에 비해 더뎌 영양분과 산소가 부족한 상황이 된다. 더불어 림프관 형성도 원활하지 않아 노폐물이 쌓이고 내부의 압력도 높아진다. 이처럼 비정상적인 종양미세환경은 종양 조직 안에 있는 여러 세포들이 영양분을 차지하려고 서로 경쟁하게 만들고, 대사 부산물을 매개로 한 복잡한 상호작용을 만들어낸다.

암세포는 빠르게, 많은 포도당(Glucose)을 섭취한다. 암세포가 많은 포도당을 금방 먹어치우면, T세포가 섭취할 수 있는 포도당의 양이 줄어든다. 한편 암세포는 포도당을 섭취한 후 젖산(Lactate)을 방출하는데, 젖산은 주변을 산성화시켜 면역반응을 억제시킨다. 암세포는 포도당 외에도 트립토판(Tryptophan), 아르기닌(Arginine)과 같은 여러 아미노산도 과도하게 섭취한다.

더불어 암세포와 TAM은 indoleamine 2, 3-dioxygenase(IDO)라는 효소를 이용하여 트립토판을 키누레닌(Kynurenine)으로 바꾸는데, 키누레닌은 조절 T세포를 활성화시켜 면역을 억제한다.

종양미세환경 안에서 면역억제적 대사산물 생성에 관여하는 효소를 발견하는 기초 연구와, 해당 효소를 표적하는 신약 개발이 활발하다. IDO 저해제(IDO inhibitor, IDOi)가 대표적이다. 이런 배경에서 인사이트(Incyte)의 IDOi인 에파카도스텟(Epacadostat)과 머크의 키트루다® 병용투여는 기대와 관심을 모았지만 2018년 임상3상에서 실패했다. IDOi 효능의 한계로 임상시험이 실패했는지, 암종/환자 선별/임상 디자인 등에서 방향을 잘못 잡았는지 알 수 없다. 다만 병용투여 후보물질이 많은 상황이라, 실패한 임상에서 교훈을 얻을 여유는 없어 보인다.

양의 보조자극 작용제

자동차에는 가속 페달과 브레이크가 있다. T세포 면역 반응에도 가속 페달과 같은 양의 보조자극 수용체와, 브레이크와 같은 음의 보조자극 수용체가 있다. 음의 보조자극 수용체를 표적하여 면역관문을 차단하는 면역관문억제제는 임상시험에서 성공했다. 그렇다면 양의 보조자극 수용체인 CD28, 4-1BB, OX40 등을 자극해, 즉 가속 페달을 밟아서 T세포의 면역항암 기능을 강화하는 것도 가능하지 않을까? 현재 4-1BB와 OX40 작용제(Agonist)인 항체가 개발되어 임상시험을 하고 있다. 그렇다면 나이브 T세포의 활성화에 필수적일 정도로 중요한 CD28 작용제에 대한 개발은 왜 없을까?

1997년, 독일 뷔르츠부르크(Würzburg) 대학 토마스 휘니크(Thomas Hünig) 박사 연구팀은 CD28에 초작용제(Superagonist)로 작용하는 항체를 개발했다. 초작용제라고 부르는 이유는, 이 항체가 TCR 자극 없이도 T세포를 활성화시킬 수 있어서다. 휘니크 연구팀이 개발한 CD28 초작용제는 쥐 실험에서 T세포가 아니라 보조 T세포를 활성화시켜 면역을 억제하는 결과를 보였고, 자가면역질환 치료에도 효능을 보였다. 유인원 동물 모델과 사람 세포를 이용한 실험에서도 비슷한 결과를 얻었다.

이에 전임상시험 결과를 바탕으로 자가면역질환 치료제로 안전성을 보는 임상1상에 들어갔다. 그런데 결과는 심각하다 못해 참혹했다. 약을 주입하고 90분이 되기 전에 임상1상에 참여한 6명 모두에게 전신성 염증 반응이 왔다. 사이토카인이 과다하게 분비되어 정상 세포를 공격하는 '사이토카인 폭풍(Cytokine storm)'이 발생한 것이다. 임상시험은 바로 중단되었고, 임상시험을 주도한 테제네로 이뮤노 테라퓨틱스(TeGenero Immuno Therapeutics)는 파산했다. 이 사례는 2006년 *NEJM*에 보고되었고, 2000년대 항암백신의 실패와 함께 '면역 치료제는 안 된다!'는 흑역사의 한 장면이 되었다.

CD28 초자극제의 전임상시험과 임상시험은 왜 정반대 결과를 내놓았을까? CD28 초자극제가 임상에서 사이토카인 폭풍을 가져온 이유는, 기억 T세포 가운데 한 종류인 효과 기억 T세포(Effector memory T cell)를 자극했기 때문이다. 실험용 쥐는 무균(Specific pathogen free, SPF) 환경에서 키우는데, 외부 항원에 노출되지 않으므로 대부분의 T세포가 나이브 T세포이고 효과 기억 T세포는 거의 없다. 따라서 조절 T세포가 CD28 초작용제에 주로 반응할 수 있다. 그리고 유인원 동물모델에서는 사람과 달리 효과 기억 T세포가 CD28을 발현하지 않는다.(이는 임상시험 실패 이후 알게 된 사실이다) 표준적인 전임상시험 절차를 따랐으나, 운이 나쁘게도 동물모델과 사람의 불일치하는 부분에서 문제가 생겼다.

2011년, 휘니크 박사는 임상시험 실패 원인을 종합적으로 분석하여 『네이처 리뷰 이뮤놀로지(*Nature Reviews Immunology*)』에 "The storm has cleared: lessons from the CD28 superagonist TGN1412 trial"이라는 제목으로 발표한다. 비록 임상시험에 실패했지만, 실패에서 교훈을 얻기도 했다.

CD28 초작용제 임상시험 실패로 '면역은 조심스럽

게 건드려야 한다'는 교훈을 다시 한번 확인하게 되었다. 신약을 설계하는 단계에서 여러 과학적 연구 결과를 바탕으로 하고, 면역을 활성화하거나 억제하는 기능의 보조자극 수용체를 정확히 표적해도, 몸속에서 일어나는 면역반응을 정확히 예측할 수 없다. 암을 공격하는 T세포에 작용할지, 면역을 조절하는 조절 T세포에 작용할지는 동물모델에서조차 예측하는 것에 한계가 있었다.

항체의 Fc는 생체 안에서 양의 보조자극제의 작용 메커니즘을 결정하는 중요한 요소 가운데 하나다. 2018년, 영국 사우샘프턴 대학의 스테판 비어스(Stephen Beers) 박사 연구팀은 Fc를 이용해 4-1BB 항체의 항암 효능을 극대화할 수 있다는 논문을 『이뮤니티』에 발표한다. 4-1BB 항체의 Fc를 IgG1으로 했을 때, 4-1BB 항체는 T세포의 기능을 강화했다. IgG2a로 했을 때 4-1BB 항체는 조절 T세포를 표적했고, ADCC로 조절 T세포를 종양 조직에서 없앴다. IgG1과 IgG2a의 특성을 적절히 혼합한 Fc를 만들어 사용한 4-1BB 항체는, T세포의 기능을 강화하면서 조절 T세포를 ADCC로 없애 종양에 대한 면역반응을 극대화시켰다. Fc 엔지니어링(Engineering)이 효과를 보여주었다.

항체의 Fab 부분이 표적하는 분자를 발현하는 세포에 부착되면, Fc는 주위 세포로 향한다. 따라서 Fc가 중요하다는 것은, 항체가 부착된 세포 주위에 있는 Fc 수용체를 발현하는 세포가 항체의 체내 작용 메커니즘에 중요한 역할을 한다는 것이다. 종양 조직에는 여러 Fc 수용체를 발현하는 세포가 있다. 일부는 면역반응을 강화하지만, 일부는 면역을 억제한다. 결국 종양미세환경 내의 세포의 공간적 분포가 항체의 작용 메커니즘에 중요한 역할을 할 수 있다는 것이다.

이중항체

항체는 Fab와 Fc로 가까이 있는 두 세포 사이의 작용을 유도할 수 있다. 이때 반드시 한 세포는 Fc 수용체를 발현해야 한다. 만약 두 세포가 발현하는 수용체를 각각

표적하는 두 종류의 Fab를 연결한다면, Fc가 없는 두 세포의 상호작용을 유도하는 것도 가능할 것이다. 이중항체(Bispecific antibody)는 항원이 다른 두 종류의 항체의 Fab 부분을 연결해 만든 항체이다.

BiTE(Bispecific T cell engager)는 암세포 항원을 인지하는 항체와 T세포의 TCR 신호전달 수용체인 CD3를 인지하는 항체의 Fab 부위를 접합해 만든 이중항체다. BiTE의 CD3 표적 Fab는 T세포에 부착되고, 암세포 표지 Fab는 암세포에 부착되면서 T세포가 발현하는 TCR의 종류에 상관없이 암세포를 인지하고 죽이도록 해준다. 2014년, CD19을 표적하는 암젠의 BiTE 블린사이토®(Blincyto®, 성분명: Blinatumomab)가 B세포 유래 급성 림프구성 백혈병에 처방할 수 있는 이중항체 치료제로 미국 FDA로부터 첫 승인을 받았다.

BiTE는 암세포를 표적하는 항체를 이용해 많은 수의 암세포를 공격하는 T세포를 만든다는 점에서 CAR-T와 비슷하다. 그러나 CAR-T가 환자 몸 밖에서 유전자 조작한 T세포를 대량으로 배양한다면, BiTE

BiTE 구조와 기능

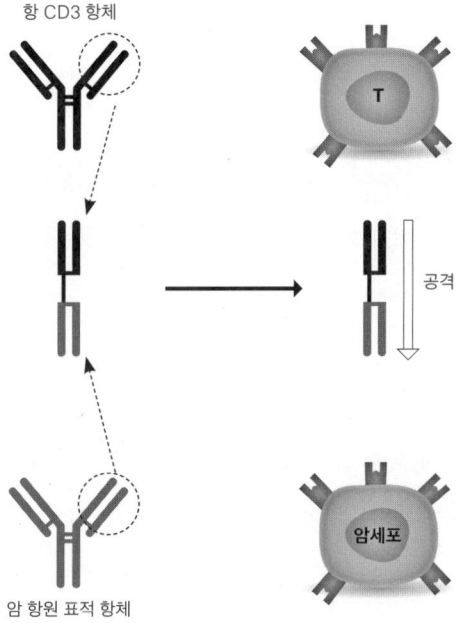

는 환자 몸속에 있는 T세포가 암세포에 반응하도록 만들어준다는 점에서 차이가 있다. CAR-T에 비해 BiTE는 생산 공정이 단순하고 비용도 싸다. 그러나 혈액에서 수 시간밖에 있을 수 없어 계속 주입해줘야 한다. CD19 BiTE는 CD19 CAR-T보다 효능도 독성도 낮다. 현재 다발성 골수종 등 다양한 암종에 적용할 수 있는 BiTE 개발이 이루어지고 있다.

면역관문억제제와 T세포 보조자극 수용체에 대한, Fab 이용 이중항체 개발도 활발하다. 예를 들어 암세포에 발현하는 PD-L1과 T세포에 발현하는 OX40을 동시에 표적해 음의 보조자극 신호를 차단하면서 양의 보조자극 신호를 전달하는 것이다. 이중항체는 Fab를 연결하는 플랫폼에 따라 효능이 다를 수 있다. 여러 플랫폼의 이중항체가 면역항암제로 개발되고 있다.

사이토카인

세포와 세포가 서로 작용하기 위해 외부로 방출하는 생분자를 사이토카인(Cytokine)이라고 한다. 사이토카인은 조직 안으로 빠르게 퍼진다. 퍼져나간 사이토카인은 세포 주변의 면역반응 환경을 결정한다. 보통 IL-1, IL-6, TNF-α 등의 사이토카인은 면역반응을 강화한다. TGF-β, IL-10 등의 사이토카인은 면역억제에 관여한다고 이야기된다. 그러나 각 사이토카인의 기능은 주어진 상황에 따라 달라질 수 있다. IL-2은 T세포나 NK세포에 작용하면 면역활성을, 조절 T세포에 작용하면 면역억제를 가져올 수 있다.

2019년 현재, 승인받아 항암 치료에 사용되는 사이토카인은 IL-2와 인터페론-알파(Interferon-α, 이하 IFN-α) 두 가지다. 단 IL-2나 IFN-α를 단독 치료제로 쓰기에는 효능이 제한적이다. 몸속 여러 세포가 사이토카인 수용체를 발현하기 때문에, 원하는 세포가 아닌 다른 세포가 반응할 수 있다. 부작용 발생률이 높은 것이다.

혈중 지속 시간도 짧아 반복적으로 투약해야 한다. 이런 한계로 사이토카인 단독 사용보다는, 면역관문억제제나 암백신과 병용투여로 활용하는 연구가 진행된다.

IL-2나 IFN-α보다 특이성이 높은 IL-12, IL-15, IL-21 등의 다양한 사이토카인 치료제가 연구되고 있고, 생분자에 폴리에틸린글라이콜(Polyethylene glycol, PEG)이라는 생체친화적 고분자를 붙이는 페길화(PEGylation), Fc 부착 등을 이용해 기능을 조절하고 혈중 지속 시간을 늘리는 시도 역시 진행 중이다.

NKG2A: NK세포와 T세포의 면역관문

NK세포가 발현하는 면역관문을 표적하는 억제제 개발도 활발하다. NK세포도 T세포와 마찬가지로 여러 종류의 면역관문 분자를 발현한다. 2018년 이후 NK세포도 PD-1을 발현하며, 항 PD-1/PD-L1 작용 메커니즘 가운데 NK세포 활성에 의한 것이 있다는 점을 밝히는 논문도 여럿 발표되었다.

2018년, 프랑스 엑스 마르세유(Aix-Marseille) 대학 에릭 비비어(Eric Vivier) 박사와 이네이트 파마(Innate Pharma) 연구팀은 새 면역관문억제제인 항 NKG2A 항체의 가능성을 제시하는 논문을 『셀』에 발표했다. NKG2A는 혈액에 있는 NK세포 가운데 절반 정도, T세포 중 5% 정도가 평상시에 발현하는데, 면역반응이 있으면 비율이 늘어난다. NKG2A는 암세포가 발현하는 면역억제 수용체인 HLA-E와 상호작용해 면역을 억제한다. 항 NKG2A 항체를 이용해 NKG2A의 기능을 억제하면, T세포나 NK세포를 활성화시킬 수 있다. NKG2A 면역관문억제제는 PD-1, PD-L1 항체와는 메커니즘이 다르기 때문에 병용할 수 있다. 리툭시맙, 세툭시맙과 같은 암 항원 표적 항체하고 병용해 NK세포가 발현하는 Fc 수용체의 ADCC를 상승시키는 것도 가능하다.

X

에필로그

면역항암제는 콜리의 독소가 나온 1891년대부터 BMS의 여보이®가 나온 2011년까지, 120년 가까운 암흑기를 거쳤다. 그러니 2010년대에 연이은 임상시험 성공과 함께 '갑자기 대세가 되어버린 약'이다. 2010년대 초반과 중반에는 항 PD-1/PD-L1이 마치 만능 치료제인 것처럼 모든 암종에 투여해보았다. 그리고 2010년대 중반을 지나면서 항 PD-1/PD-L1 단독 투여의 한계를 깨닫고 다양한 치료법과의 병용을 시작했다. 2019년 현재, 면역항암제의 효능과 부작용을 예측하기 위한 바이오마커와 면역항암제의 효능을 끌어올리려는 병용투여법 개발 열기가 뜨겁다.

노력이 이어지고 결과가 쌓이면, 마침내 '환자 맞춤형 면역항암 치료'가 가능하게 되지 않을까? 암 환자마다 종양 조직의 특성은 물론 면역 시스템의 상태, 장내 마이크로바이오타 구성 등이 모두 다르다. 다양한 요소까지 다룰 수 있을 때, 각 환자에게 최적의 처방을 할 수 있을 때, 우리는 암을 극복할 수 있을 것이다.

지금까지 면역항암 치료 분야 발달에 생명과학과

의학이 중요한 역할을 해왔다면, 앞으로는 공학의 역할이 점점 커질 것을 기대한다. 예를 들어 정밀한 센싱(sensing) 기술은 바이오마커 개발 및 활용에 있어 중요한 역할을 할 수 있다. 생체재료를 이용한 약물전달 기술은 다양한 약제 병용투여의 효능을 극대화하고 부작용을 최소화할 수 있다. 모두가 '그건 안 될 거야'라고 말하는 가운데 면역항암제가 태어났듯이, 모두가 '그건 다른 분야야'라고 말하는 가운데 감히 상상할 수 없었던 무엇이 태어날지 모르는 일이다.

참고문헌

I. 프롤로그: 면역항암제라는 트렌드

1. A. Ribas, and J.D. Wolchok (2018) Cancer immunotherapy using checkpoint blockade, *Science* 359, pp.1350-1355.
2. D.L. Porter, B.L. Levine, M. Kalos, A. Bagg, and C.H. June (2011) Chimeric antigen receptor-modified T cells in chronic lymphoid leukemia, *New England Journal of Medicine* 365, pp.725-733.
3. S.L. Maude, *et al* (2014) Chimeric antigen receptor T cells for sustained remissions in leukemia, *New England Journal of Medicine* 371, pp.1507-1517.

II. 시작

1. D. Hanahan, and R.A. Weinberg (2000) The hallmarks of cancer, *Cell* 100, pp.57-70.
2. D. Hanahan, and R.A. Weinberg (2011) The hallmarks of cancer: the next generation, *Cell* 144, pp.646-674.
3. R.D. Schreiber, L.J. Old, and M.J. Smith (2011) Cancer immunoediting: integrating immunity's roles in cancer suppression and promotion, *Science* 331, pp.1565-1570.
4. Cancer research institute(CRI) homepage: https://www.cancerresearch.org/
5. S.A. Rosenberg, et al (1985) Observation on the systemic administration of autologous lymphokine activated killer cells and recombinant interleukin-2 to patients with metastatic cancer, *New England Journal of Medicine* 313, pp.1485-1492.
6. N. Canavan, *A Cure Within: Scientists Unleashing the Immune*

System to Kill Cancer, (NewYork: Cold spring harbor laboratory press, 2018).

III. 면역항암제를 이해하기 위해 알아야 할 최소한의 면역

1. A.K. Abbas, A.H. Lichtman, and S. Pillai, *Basic immunology: functions and disorders of the immune system*, 5th edition, (Amsterdam: Elsevier, 2016).
2. R.M. Steinman, and J. Banchereau (2007) Taking dendritic cells into medicine, *Nature* 449, pp.419-426.
3. D.S. Chen, and I. Mellman (2013) Oncology meets immunology: the cancer-immunity cycle, *Immunity* 39, pp.1-10.

IV. 독성 림프구를 이용한 면역세포 치료제

1. A.K. Abbas, A.H. Lichtman, and S. Pillai, *Basic immunology: functions and disorders of the immune system*, 5th edition, (Amsterdam: Elsevier, 2016).
2. N. Canavan, *A Cure Within: Scientists Unleashing the Immune System to Kill Cancer*, (NewYork: Cold spring harbor laboratory press, 2018).
3. S.A. Rosenberg, and N.P. Restifo (2015) Adoptive cell transfer as personalized immunotherapy for human cancer, *Science* 348, pp.62-68.
4. C. Chabannon et al. (2018) Hematopoietic stem cell transplantation in its 60s: A platform for cellular therapies, *Science Translational Medicine* 10, eaap9630.

5. S.R. Riddell et al. (1992) Restoration of viral immunity in immunodeficient humans by the adoptive transfer of T cell clones, *Science* 257, pp.238-241.

6. C. Bonini et al. (1997) HSV-TK gene transfer into donor lymphocytes for control of allogeneic graft-versus-leukemia, *Science* 276, pp.1719-1724.

7. L. Ruggeri et al. (2002) Effectiveness of donor natural killer cell alloreactivity in mismatched hematopoietic transplants, *Science* 295, pp.2097-2100.

8. M.M. Davis, and P.J. Bjorkman (1988) T-cell antigen receptor genes and T-cell recognition, *Nature* 334, pp.395-402.

9. T.P. Arstila et al. (1999) A direct estimate of the human $\alpha\beta$ T cell receptor diversity, *Science* 286, pp.958-961.

10. M.K. Jenkins, H.H. Chu, J.B. McLachian, and J.J. Moon (2010) On the composition of the perimmune repertoire of T cells specific for peptide-major histocompatibility complex ligands, *Annual Review of Immunology* 28, pp.275-294.

11. U.H. von Andrian, and C.R. Mackay (2000) T-cell function and migration: two sides of the same coins, *New England Journal of Medicine* 343, pp.1020-1034.

12. P. van der Bruggen et al. (1991) A gene encoding an antigen recognized by cytolytic T lymphocytes on a human melanoma, *Science* 254, pp.1643-1637.

13. M.E. Dudley et al. (2002) Cancer regression and autoimmunity in patients after clonal repopulation with antitumor lymphocytes, *Science* 298, pp.850-854.

14. C. Yee, et al. (2002) Adoptive T cell therapy using antigen-specific CD8+ T cell clones for the treatment of patients with metastatic melanoma: In vivo persistence, migration, and

antitumor effect of transferred T cells, *PNAS* 99, pp.16168-16173.

15. R.A. Morgan et al. (2006) Cancer regression in patients after transfer of genetically engineered lymphocytes, *Science* 314, pp.126-129.

16. C.H. June, R.S. O'Connor, O.U. Kawalekar, S. Ghaassemi, and M.C. Milone (2018) CAR T cell immunotherapy for human cancer, *Science* 359, pp.1361-1365.

17. Y. Kuwana et al. (1987) Expression of chimeric receptor composed of immunoglobulin-derived V regions and T-cell receptor-derived C regions, *Biochemical and Biophysical Research Communications* 149, pp.960-968.

18. G. Gross, T. Waks, and Z. Eshhar (1989) Expression of immunoglobulin-T-cell receptor chimeric molecules as functional receptors with antibody-type specificity, *PNAS* 86, pp.10024-10028.

19. Z. Eshhar, T. Waks, G. Gross, and D.G. Schindler, (1989) Specific activation and targeting of cytotoxic lymphocytes through chimeric single chains consisting of antibody-binding domains and the γ or ζ subunits of the immunoglobulin and T-cell receptors, *PNAS* 86, pp.720-724.

20. J. Maher, R.J. Brentjens, G. Gunset, I.Riviere, and M. Sadelain (2002) Human T-lymphocyte cytotoxicity and proliferation directed by a single chimeric TCRζ/CD28 receptor, *Nature Biotechnology* 20, pp.70-75.

21. C. Imai et al. (2004) Chimeric receptors with 4-1BB signaling capacity provoke potent cytotoxicity against acute lymphoblastic leukemia, *Leukemia* 18, pp.676-684.

22. W.A. Lim, and C.H. June (2017) The principles of engineering

immune cells to treat cancer, *Cell* 168, pp.724-740.

23. J.A. Fraietta et al. (2018) Disruption of TET2 promotes the therapeutic efficacy of CD19-targeted T cells, *Nature* 558, pp.307-312.

24. A.N. Henning, R. Roychoudhuri, and N.P. Restifo (2018) Epigenetic control of CD8+ T cell differentiation, *Nature Reviews Immunology* 18, pp.340-356.

25. D.S. Chen, and I. Mellman (2013) Oncology meets immunology: the cancer-immunity cycle, *Immunity* 39, pp.1-10.

26. E. Vivier et al. (2011) Innate or adaptive immunity? The example of natural killer cells, *Science* 331, pp.44-49.

27. A. Cerwenka, and L.L. Lainier (2016) Natural killer cell memory in infection, inflammation and cancer, *Nature Reviews Immunology* 16, pp.112-123.

28. Y. Li, D.L Hermanson, B.S. Moriarity, and D.S. Kaufman (2018) Human iPSC-derived natural killer cells engineered with chimeric antigen receptors enhance anti-tumor activity, *Cell Stem Cell* 23, pp.181-192.

29. Y-H. Chien, C. Meyer, and M. Bonneville (2014) γδ T cells: first line of defense and beyond, *Annual Reviews of Immunology* 32, pp.121-155.

30. V. Marcu-Malina et al. (2011) Redirecting αβ T cells against cancer cells by transfer of a broadly tumor-reactive γδ T-cell receptor, *Blood* 118, pp.50-59.

31. A.R. Almeida et al. (2016) Delta one T cells for immunotherapy of chronic lymphocytic leukemia: clinical-grade expansion/differentiation and preclinical proof of concept, *Clinical Cancer Research* 22, pp.5795-5804.

V. 면역관문억제제 1. 눈에 보이는 성과

1. A.K. Abbas, A.H. Lichtman, and S. Pillai, *Basic immunology: functions and disorders of the immune system*, 5th edition, (Amsterdam: Elsevier, 2016).
2. N. Canavan, *A Cure Within: Scientists Unleashing the Immune System to Kill Cancer*, (NewYork: Cold spring harbor laboratory press, 2018).
3. A. Ribas, and J.D. Wolchok (2018) Cancer immunotherapy using checkpoint blockade, *Science* 359, pp.1350-1355.
4. T.L. Walunas et al. (1994) CTLA-4 can function as a negative regulator of T cell activation, *Immunity* 1, pp.405-413.
5. M.F. Krummel, and J.P. Allison (1995) CD28 and CTLA-4 have opposing effects on the response of T cells to stimulation, *Journal of Experimental Medicine* 182, pp.459-465.
6. D.R. Leach, M.F. Krummel, and J.P. Allison (1996) Enhancement of antitumor immunity by CTLA-4 blockade, *Science* 271, pp.1734-1736.
7. F.S. Hodi et al. (2003) Biologic activity of cytotoxic T lymphocyte-associated antigen 4 antibody blockade in previously vaccinated metastatic melanoma and ovarian carcinoma patients, *PNAS* 100, pp.4712-4717.
8. J.D. Wolchok et al. (2009) Guidelines for the evaluation of immune therapy activity in solid tumors: immune-related response criteria, *Clinical Cancer Research* 15, pp.7412-7420.
9. A. Ribas (2010) Clinical development of the anti-CTLA-4 antibody Tremelimumab, *Seminars in Oncology* 37, pp.450-454.
10. F.S. Hodi et al. (2010) Improved survival with ipilimumab in patients with metastatic melanoma, *New England Journal of*

Medicine 363, pp.711-723.
11. D.L. Barber et al. (2006) Restoring function in exhausted CD8 T cells during chronic viral infection, *Nature* 439, pp.682-687.
12. Y. Ishida, Y. Agata, K. Shibahara, and T. Honjo, (1992) Induced expression of PD-1, a novel member of the immunoglobulin gene superfamily, upon programmed cell death, *EMBO Journal* 11, pp.3887-3895.
13. H. Nishimura, M. Nose, H. Hiai, N. Minato, and T. Honjo (1999) Development of lupus-like autoimmune disease by disruption of the PD-1 gene encoding an ITIM motif-carrying immunoreceptor, *Immunity* 11, pp.141-151.
14. D. Shaywitz, The startling history behind Merck's new cacer blockbuster, Forbes (2017): https://www.forbes.com/sites/davidshaywitz/2017/07/26/the-startling-history-behind-mercks-new-cancer-blockbuster/#1ed2b025948d
15. O. Hamid et al. (2013) Safety and tumor responses with Lambrolizumab (Anti-PD-1) in melanoma, *New England Journal of Medicine* 369, pp.134-144.
16. E.B. Garon et al. (2015) Pembrolizumab for the treatment of non-small-cell lung cancer, *New England Journal of Medicine* 372, pp.2018-2028.
17. D.T. Le et al. (2017) Mismatch repair deficiency predicts response of solid tumors to PD-1 blockade, *Science* 357, pp.409-413.

VI. 면역관문억제제 2. 불완전한 메커니즘

1. A. Ribas, and J.D. Wolchok (2018) Cancer immunotherapy

using checkpoint blockade, *Science* 359, pp.1350-1355.
2. T.R. Simpson et al. (2013) Fc-dependent depletion of tumor-infiltrating regulatory T cells co-defines the efficacy of anti-CTLA-4 therapy against melanoma, *Journal of Experimental Medicine* 210, pp.1695-1710.
3. A. Sharma et al. (2019) Anti-CTLA-4 immunotherapy does not deplete FOXP3+ regulatory T cells (Tregs) in human cancers, *Clinical Cancer Research* 25, p.3468.
4. A. Pincetic et al. (2014) Type I and type II Fc receptors regulate innate and adaptive immunity, *Nature Immunology* 15, pp.707-716.
5. P.C. Tumesh et al. (2014) PD-1 blockade induces responses by inhibiting adaptive immune resistance, *Nature* 515, pp.568-571.
6. S.J. Im et al. (2016) Defining CD8+ T cells that provide the proliferative burst after PD-1 therapy, *Nature* 537, pp.417-421.
7. K.E. Pauken et al. (2016) Epigenetic stability of exhausted T cells limits durability of reinvigoration by PD-1 blockade, *Science* 354, pp.1160-1165.

VII. 바이오마커

1. A. Ribas, and J.D. Wolchok (2018) Cancer immunotherapy using checkpoint blockade, *Science* 359, pp.1350-1355.
2. Y. Naito et al. (1998) CD8+ T cells infiltrated within cancer cell nests as a prognostic factor in human colorectal cancer, *Cancer Research* 58, pp.3491-3494.
3. J. Galon et al., (2006) Type, density, and location of immune cells within human colorectal tumors predict clinical outcome,

Science 313, pp1960-1964.
4. M.S. Lawrence et al. (2013) Mutational heterogeneity in cancer and the search for new cancer-associated genes, *Nature* 499, pp.214-218.
5. D.T. Le et al. (2017) Mismatch repair deficiency predicts response of solid tumors to PD-1 blockade, *Science* 357, pp.409-413.
6. M. Yarchoan, A. Hopkins, and E.M. Jaffee (2017) Tumor mutational burden and response rate to PD-1 inhibition, *New England Journal of Medicine* 377, pp.2500-2501.
7. R. Sender, S. Fuchs, and R. Milo (2016) Revised estimates for the number of human and bacteria cells in the body, *PLoS Biology* 14, e1002533.
8. L. Zitvogel, Y. Ma, D. Raoult, G. Kroemer, and T.F. Gajewski (2018) The microbiome in cancer immunotherapy: diagnostic tools and therapeutic strategies, Science 359, pp.1366-1370.

VIII. 병용투여-1. 선천면역계 활성화

1. M.A. Postow et al. (2015) Nivolumab and ipilimumab versus ipilimumab in untreated melanoma, *New England Journal of Medicine* 372, pp.2006-2017.
2. J. Kaiser (2018) Too much of a good thing?, *Science* 359, pp.1346-1347.
3. D.S. Chen, and I. Mellman (2013) Oncology meets immunology: the cancer-immunity cycle, *Immunity* 39, pp.1-10.
4. L. Galluzzi, A. Buque, O. Kepp, L. Zitvogel, and G. Kroemer (2015) Immunological effects of conventional chemotherapy

and targeted anticancer agents, *Cancer Cell* 28, pp.690-714.

5. W. Ngwa et al. (2018) Using immunotherapy to boost the abscopal effect, *Nature Reviews Cancer* 18, pp.313-322.

6. L. Galluzzi, A. Buque, O. Kepp, L. Zitvogel, and G. Kroemer (2017) Immunogenic cell death in cancer and infectious disease, *Nature Reviews Immunology* 17, pp.97-111.

7. J. Hou, T.F. Greten, and Q. Xia (2017) Immunosuppressive cell death in cancer, *Nature Reviews Immunology* 17, p.401-.

8. E.W. Roberts et al. (2016) Critical role for CD103+/CD141+ dendritic cells bearing CCR7 for tumor antigen trafficking and priming of T cell immunity in melanoma, *Cancer Cell* 30, pp.324-336.

9. M.L. Broz et al. (2014) Dissecting the tumor myeloid compartment reveals rare activating antigen-presenting cells critical for T cell immunity, *Cancer Cell* 26, pp.638-652.

10. J.P. Bottcher et al. (2018) NK cells stimulate recruitment of cDC1 into the tumor microenvironment promoting cancer immune control, *Cell* 172, pp.1022-1037.

11. K.C. Barry et al. (2018) A natural killer-dendritic cell axis defines checkpoint therapy-responsive tumor microenvironments, *Nature Medicine* 24, pp.1178-1191.

12. S.B. Willingham et al. (2012) The CD47-signal regulatory protein alpha (SIRPa) interaction is a therapeutic target for human solid tumors, *PNAS* 109, pp.6662-6667.

13. X. Liu et al. (2015) CD47 blockade triggers T cell-mediated destruction of immunogenic tumors, *Nature Medicine* 21, pp.1209-1215.

14. A. Veillette and J. Chen, (2018) SIRPα-CD47 immune checkpoint blockade in anticancer therapy, *Trends in*

Immunology 39, pp.173-184.

15. M. Yarchoan, B.A. Johnson III, E.R. Lutz, D.A. Laheru, and E.M. Jaffee (2017) Targeting neoantigens to augment antitumor immunity, *Nature Reviews Cancer* 17, pp.209-222.

16. M. Yadav et al. (2014) Predicting immunogenic tumour mutations by combining mass spectrometry and exome sequencing, *Nature* 515, pp.572-576.

17. Editorial (2017) The problem with neoantigen prediction, *Nature Biotechnology* 35, p.97.

18. T.N. Schumacher, W. Scheper, and P. Kvistborg (2019) Cancer neoantigens, *Annual Review of Immunology* 37, pp.173-200.

19. Z. Hu, P.A. Ott, and C.J. Wu (2018) Towards personalized, tumor-specific therapeutic vaccines for cancer, *Nature Reviews Immunology* 18, pp.168-182.

20. D.J. Irvine, M.C. Hanson, K. Rakhra, and T. Tokatlian (2015) Synthetic nanoparticles for vaccines and immunotherapy, *Chemical Reviews* 115, pp.11109-11146.

21. O.A. Ali, N. Huebsch, L. Cao, G. Dranoff, and D.J. Mooney (2009) Infection-mimicking materials to program dendritic cells in situ, *Nature Materials* 8, pp.151-158.

22. S. Gujar, J.G. Pol, Y. Kim, P.W. Lee, and G. Kroemer (2018) Antitumor benefits of antiviral immunity: An underappreciated aspect of oncolytic virotherapies, *Trends in Immunology* 39, pp.209-221.

23. K. Twumasi-Boateng, J.L. Pettigrew, Y.Y.E. Kwok, J.C. Bell, and B.H. Nelson (2018) Oncolytic viruses as engineering platforms for combination immunotherapy, *Nature Reviews Cancer* 18, pp.419-432.

IX. 병용투여-2. 종양안면역억제극복

1. U.H. von Andrian, and C.R. Mackay, (2000) T-cell function and migration: two sides of the same coins, *New England Journal of Medicine* 343, pp.1020-1034.
2. N. Nagarsheth, M.S. Wicha, and W. Zou (2017) Chemokines in the cancer microenvironment and their relevance in cancer immunotherapy, *Nature Reviews Immunology* 17, pp.559-572.
3. R.K. Jain, (2014) Antiangiogenesis strategies revisited: from starving tumors to alleviating hypoxia, *Cancer Cell* 26, pp.605-622.
4. Y. Huang et al. (2012) Vascular normalizing doses of antiangiogenic treatment reprogram the immunosuppressive tumor microenvironment and enhance immunotherapy, *PNAS* 109, pp.17561-17566.
5. L. Tian et al. (2017) Mutual regulation of tumour vessel normalization and immunostimulatory reprogramming, *Nature* 544, pp.250-254.
6. D.V.F. Tauriello et al. (2018) TGFβ drives immune evasion in genetically reconstituted colon cancer metastasis, *Nature* 554, pp.538-543.
7. S. Mariathasan et al. (2018) TGFβ attenuates tumour response to PD-L1 blockade by contributing to exclusion of T cells, *Nature* 554, pp.544-548.
8. S. Spranger et al. (2013) Up-regulation of PD-L1, IDO, and Tregs in the melanoma tumor microenvironment is driven by CD8+ T cells, *Science Translational Medicine* 5, 200ra116.
9. H.F. Dvorak (1986) Tumors: wounds that do not heal. Similarities between tumor stroma generation and wound

healing, *New England Journal of Medicine* 315, pp.1650-1659.
10. L. Cassetta, and J.W. Pollard (2018) Targeting macrophages: therapeutic approaches in cancer, *Nature Reviews Drug Discovery* 17, pp.887-904.
11. R. Kalluri (2016) The biology and function of fibroblasts in cancer, *Nature Reviews Cancer* 16, pp.582-598.
12. F. Veglia, M. Perego, and D. Gabrilovich (2018) Myeloid-derived suppressor cells coming of age, *Nature Immunology* 19, pp.108-119.
13. A. Tanaka, and S. Sakaguchi (2017) Regulatory T cells in cancer immunotherapy, *Cell Research* 27, pp.109-118.
14. S. Sakaguchi, N. Sakaguchi, M. Asano, M. Itoh, and M. Toda (1995) Immunologic self-tolerance maintained by activated T cells expressing Il-2 receptor α-chains (CD25), *Journal of Immunology* 155, pp.1151-1164.
15. T. Kamada et al. (2019) PD-1+ regulatory T cells amplified by PD-1 blockade promote hyperprogression of cancer, *PNAS* 116, pp.9999-10008.
16. C.A. Lyssiotis, and A.C. Kimmelman (2017) Metabolic interactions in the tumor microenvironment, *Trends in Cell Biology* 27, pp.863-875.
17. T. Hunig (2012) The storm has cleared: lessons from the Cd28 superagonist TGN1412 trial, *Nature Reviews Immunology* 12, pp.317-318.
18. S.L. Buchan et al. (2018) Antibodies to costimulatory receptor 4-1BB enhance anti-tumor immunity via T regulatory cell depletion and promotion of CD8 T cell effector function, *Immunity* 49, pp.958-970.
19. M. Klinger, J. Benjamin, R. Kischel, S. Stienen, and G.

Zugmaier (2016) Harnessing T cells to fight cancer with BiTE antibody constructs – past developments and future directions, *Immunological Reviews* 270, pp.193-208.
20. P. Andre et al. (2018) Anti-NKG2A mAb is a checkpoint inhibitor that promotes anti-tumor immunity by unleashing both T and NK cells, *Cell* 175, pp.1731-1743.